科学与未来
丛 书
第4辑

# 感受 昆虫的生命律动

*ganshoukunchongdeshengminglv*

许征帆 著

地球亿万年来孕育的生命
组成了浩瀚的海洋——生命的海洋
在生命的海洋里
同样的海涛汹涌，洋流激荡
得天独厚的昆虫们从远古走来
勇敢地弄潮冲浪

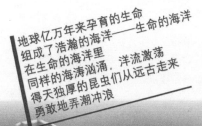

中国大百科全书出版社

**图书在版编目（CIP）数据**

感受昆虫的生命律动／许征帆编著． — 北京：中国大百科全书出版社，2016.1

　　（科学与未来．第4辑）

　　ISBN 978-7-5000-9737-2

　　Ⅰ．①感… 　Ⅱ．①许… 　Ⅲ．①昆虫－普及读物

Ⅳ．① Q96-49

　　中国版本图书馆CIP数据核字（2016）第007251号

责任编辑：徐世新
封面设计：童行侃
版式设计：童行侃
出版发行：中国大百科全书出版社
地　　址：北京阜成门北大街17号
邮　　编：100037
网　　址：http://www.ecph.com.cn
电　　话：010-88390718
图文制作：北京华艺创世印刷设计有限公司
印　　刷：北京佳信达欣艺术印刷有限公司
字　　数：145千字
印　　数：1～3000册
印　　张：10.5
开　　本：720mm×1020mm　　1/16
版　　次：2016年1月第1版
印　　次：2016年1月第1次印刷
书　　号：ISBN 978-7-5000-9737-2
定　　价：29.80元

两只蝴蝶在花丛中翩跹飞舞，这是艳阳春日的一道美丽风景线。炎炎夏日的绿荫深处，枝叶间的声声长鸣戛然而止，一只受惊的知了飞离枝桠，一泡尿水同时向你袭来，作为对你的滋扰的抗议。随后到来的是"落霞与孤鹜齐飞，秋水共长天一色"的季节，芊绵的芳草丛中，秋日的鸣虫们正在举行本年度最后的音乐会。不仅有雄壮激越的金石之声，也有轻柔低婉的小夜曲吟唱。那么，朔风凛冽的寒冷冬夜里，总不会还有昆虫在活动了吧！不然，你看松毛虫的队列刚刚离开饱餐了一顿的松针牧场。它们首尾相连地行进在归巢的途中！简单地说，无论一年四季，也无论白天黑夜，昆虫们都在不同环境中、各种状态下、以其各自的方式坚持着它们的生命活动。

在看似平静的表面下，昆虫们始终都在不停地活动着。当我们把目光转向它们，即当时间和空间的镜头对向它们时，就能清楚地感触到昆虫那生生不息的生命律动。关于它们的本能又是如何地充满着生活的智慧，在这方面本书将有比较详细的描述。今日地球上的生命都来源于远古时代的原生质，从这方面来看，各种生命之间多多少少都有些亲缘关系。因此，如果说昆虫是我们人类的远亲，这也是不错的。昆虫在亲缘关系方面离我们很远，但在生活环境方面却离我们近得很，这是不言自明的。

生活在地球生物圈的动物种类，就经过鉴别并记录在案的品种而言，迄今已超过了150万种，它们被分类成35个门和70多个纲。其中属于节肢动物门昆虫纲的就有100～200多万种，是种类最多的动物。如果考虑到有关鉴定工作的复杂性和困难度，遗漏的也许不在少数。粗略地估计，昆虫这个大家族的虫口，约占整个动物种类总数的70%～80%。它们在天空飞、地上跑、水中游、泥里钻、沙里藏，乃至潜伏到生物体内，分布极其广泛。如果说同在蓝天下，鸟飞过、兽奔过、鱼游过、蛙跃过、虫爬过，踪迹遍地、交错纵横，物竞天择、适者生存，那么昆虫在自然竞争中的适应能力可说是达到了登峰造极的程度。它们忍得寒、耐得热、不怕长期饥和渴，有的还耐受得了射线的辐照，这些都是其他动物难以比拟的。亿万年的进化选择，使昆虫不折不扣地成了大自然的宠儿。甚至有人断言：昆虫中的蟑螂和蚂蚁将成为地球末日的仅存者。因为实际上昆虫的物种量占了全球物种总量的50%以上，如果它们大规模地灭绝，对于地球生物的多样性而言绝对是个噩耗。为此，我们还是要格外地重视对昆虫的关注和了解，给予它们那份应得的青睐。

历来人们常会从虫子的形态和解剖特征开始学习昆虫科学的入门知识。例如，注意它们有几条腿、几个翅膀？翅上有哪些翅脉？腿上有什么刚毛？它们又如何分布？这些也许会让思维活跃、活泼好动的青少年感到有些枯燥，不易激发更多的兴趣和热情。有人以为，如果以普及科学知识为目的，不妨直接以昆虫的生态故事为切入点进行讲述。昆虫同一切生命一样，也要觅食、做窝、寻觅异性伴侣、成婚交配、繁衍后代。在实现这一系列生命活动的过程中，它们与各种生物彼此发生联系，从而营造和建立起各种网络和链条关系：相生相克，共存共荣。这是地球生物圈的一个重要内容，也是我们主张人类与动物是朋友、是亲戚的物质基础之一。领会了这一层关系，笔者不揣愚妄，编写了一本目前这样的书，为中国青少年的科普文库添上一片小小的砖瓦。历经屡败屡战，又易数度寒暑，今天终于将本书呈献在了读者面前以接受批评和检验。本书力求按照观察和实验的科学发现的顺序安排资料，这样也许更有利于为青少年读者提示科学研究的概念和方法，对于科学发展观的建立也将有所裨益。如果有些年轻人因为读了这本书而对昆虫学产生了好奇和兴趣，笔者自当感到欣慰。

书中述及的蜘蛛和蝎子不属昆虫纲，似与书名有违。但考虑到资料可贵，未舍割爱。笔者自嘲曰：美国前总统克林顿访华期间发表演说时，曾经亦庄亦谐地把中国的滇金丝猴认作远房表亲。那么，在谈论昆虫时把与它们同属一纲的表兄弟们——舞蛛和蝎子的故事讲了一些，可否得到读者原谅和理解呢？

本书在编写过程中得到了多位同道和同学的鼓励和指教；南京师范大学生命科学学者孙宁珍先生热心提供资料和观点，对笔者有很大帮助；出版社领导徐世新先生为保证书稿的质量，给予了热情而专业的关怀。在此一并表示衷心感谢。

因水平有限，书中定有对资料的不当处理或错误理解之处，诚恳欢迎读者批评指正。人类社会发展到现阶段，各种新知识和新概念层出不穷、蓬勃显现，这是信息社会的一个特征。对于更多的新知识、新思想，我们尚需跟踪学习，努力加强辨认、判断和吸收的能力。本书试图像比得·辛格先生的《动物解放》一样，从科学和人性的角度提出一些对待以昆虫为代表的动物的新观点，期望能引发大家思考。如偿所愿，不啻为本人又一大惊喜和荣幸。

目录

三　凶狠疾速的杀手　劳而无怨的母亲
　　——黑腹舞蛛的生活及其母子行乐图

# 地球的清道夫
## ——圣甲虫的生活史

这是一个美丽夏日的傍晚，我和几个朋友漫步在南海之滨雷州半岛的一条乡间大路上。道路宽阔，大部分光坦坦的，横穿一个不大的村庄。路边上一棵枝柯虬结的老榕树矗立在斜阳之下，路的另一侧是一个不大的打谷场。夏日午后的阵雨停了，天已放晴，不远处沟渠里浑黄的流水仍在潺潺地响。西天的太阳金灿灿地斜照着，打谷场上有几家村民已经摆上小桌和碗筷，开始他们的晚餐。空气暖热、清新而湿润。就在这样宁静而悠闲的气氛中，我们注意到路面上有几只小甲虫在奇怪地行进着。说它们奇怪，是因为这几只黑黪黪的甲虫不像平常那样空着身子自顾地爬行，而是滚动着比自身还大的粗糙球状物。它们头部朝下，尾端朝上，倒伏在那个脏兮兮的球上，旁若无人地后退着行进。

我们初次见到这种新奇的画面，不免要请教路旁的农人。他们笑着告诉我们这就是歇后语中所说的：屎壳郎搬家——滚蛋。多年之后，我从大学的生命科学学院毕业了，仍始终记着这个有趣的昆虫生态现象。同时我也明白了，此现象便是昆虫界大名鼎鼎的粪便清洁工——粪金龟在搬运它们的食物——粪便。

## 圣甲虫的故事

人们知道，鞘翅目昆虫中有一大群以草食动物粪便为食的甲虫，可以笼统地称为食粪虫，如粪金龟、屎壳郎等，学名蜣螂。其中很著名的一类是伟大的圣甲虫，它们也是人们知道最早、研究最多的食粪虫。可以说，圣甲虫有着最古老并且辉煌的历史，在伟大的自然发展史上有着重要而突出的地位。古埃及

在阳光下嬉戏的粪金龟们（Ⅰ）

人就非常崇拜这种甲虫，给予了它们伟大甚至神圣的地位，以"圣"字冠其名即由此而来。其理由一方面是因为这些先民们已经认识到，这些被罗曼蒂克地称作圣甲虫的功臣们之所以令人肃然起敬，是因为它们生来就是为了清理这个星球上的粪便污染，从而为地球的生态平衡做贡献的；另一方面，先民们发现圣甲虫在外形上还称职地具备了其神圣的标志。它们的头是一顶带角刺的"王冠"，身体表面有一袭华丽而高贵的"盔甲"，"盔甲"闪烁着青铜色、翡翠绿色或者深蓝色的光芒。古埃及人对圣甲虫十分崇拜，把它们当作再生、好运和太阳战胜黑暗的象征。当法老死后被制成木乃伊时，他们的心脏会被挖出来，换上一块缀满这种圣甲虫的石头。金龟子们的腹部闪烁着金属抛光般的光泽，有的粪金龟腹下闪现金黄和青铜色光亮，有的则是紫晶色。生长在热带地区的粪金龟们衣着华丽，有如鲜艳的首饰；像埃及骆驼粪下的圣甲虫的绿色可与祖母绿相媲美；而圭亚那、巴西、塞内加尔的蜣螂则呈现金属红色，如红宝石那样光彩照人。在中国，虽然不易看到粪金龟这种脱胎于牛羊粪便中的首饰般美丽的光泽，但中国粪金龟的行为和习性也同样引人瞩目。

## 食粪虫的聚会

食粪虫总是在其他动物躲得远远的地方冒险。它们找到高等动物遗留下的排泄物，很快将之埋入地下，使之成为自己或后代慢慢享用的丰盛美食。大量的食粪虫生活在澳大利亚的草原和牧场、美国得克萨斯、南美阿根廷、印度，以及非洲的平原等地。它们每天清除数以百万吨计的粪便，其中大部分是哺乳动物，如牛、绵羊、马、象、猴子等所排泄。很难想象，如果美丽的原野上生活着种类如此繁多的各种飞禽走兽，却唯独缺少了食粪虫这样勤劳的清道夫们，那会是怎样污浊的情景呢？

来具体地观察一下它们的日常生活吧！

一个夏日的早晨，法国沃克吕兹省罗讷河畔的原野上，当撒欢的羊群咩咩叫着，杂沓地走过之后，被啃噬过的草地上留下了一堆堆热气腾腾的粪便。您瞧吧，用不了多久，粪堆周围便聚集了比羊群队伍还要庞大的食粪虫。那忙碌的景象仿佛重现了从世界各地蜂拥而来的冒险家，争先恐后地开发着加利福尼亚的沙金矿的古老场面。阳光还不太耀眼，朝霞尚未完全散去，数百只大大小小、形态各异的食粪虫便已拥挤在那儿，乱哄哄、急忙忙地从这块见者有份的"糕点"上分一杯羹。它们有的进行露

在阳光下嬉戏的粪金龟们（Ⅱ）

天作业，梳耙着表面；有的在粪堆深处挖掘通道，寻找优质的"矿脉"；有的则直接进入下层开发，企图把战利品就地埋藏于土层下，以便归自己所有；个头最

圣甲虫

小的则在一旁把那些高大的同类们大规模发掘时坍塌、散落的小块粪便收集起来；有的初来乍到，可能早已饥饿难耐，当场便拣起一块"糕点"大嚼起来，准备饱餐一顿之后再干活；但大多数好汉子都选择了要趁机积攒一笔"财富"，将"财富"万无一失地储存在隐蔽所深处，供长期之需。须知，在这贫瘠的平原上，并不是总能够找到一堆新鲜的优质粪便的。

请注意，现在我们关注的主角终于登场了。一只强壮的圣甲虫唯恐来得太晚，用那几条长腿像自动化机械装置般迈着急匆匆的碎步，生硬而笨拙地向粪堆赶来，两条棕红色的触角像羽扇似的向前方伸展着。显然，它正为自己的迟到而惴惴不安，担心自己强烈的贪欲得不到满足。此刻，它来到了拥挤的"糕点"旁，毫不谦让地扒拉着，挤倒了一些捷足先登者，扎到了大餐桌前。于是，这位浑身黑黢黢的粗壮家伙——大名鼎鼎的圣甲虫，终于跟它的同类们共同入席赴宴，排排坐、吃果果了。

圣甲虫挥动着巨大有力的前足，一抓一抓地把粪块扒到自己面前，又压又揉，拼命把粪块团成球状，拍紧压实，给裹了一层又一层，粪球就基本成形了。之后它走到一旁，安静地欣赏了一会儿自己的劳动成果，接着运走粪球，去安安稳稳地享用这一胜利果实了。

## 粪球的制作与搬运

制造粪球是所有食粪虫生命活动的一个重要环节，观察一下它们制作和搬运粪球的过程也是很有趣的。以圣甲虫为例，它的头部宽大而扁平，就像一个坚硬的兜帽，前缘有六个角状锯齿，呈半圆形排列，这便是用来挖掘和削切的工具。

这个"耙子"可用来进行挖掘破碎，也可以剔除粗大的植物茎枝以梳耙和聚拢粪便。圣甲虫为自己食用而准备的食物，只需大致挑选一下就已足够；如果为了养育幼虫，那就得经过一番精挑细选，并加以精心制作。

圣甲虫干活时除了挥舞带锯齿的"兜帽"外，还要跟强有力的前足通力合作。它的前足扁平，但有肋条凸起，远端肢节略呈弧形弯刀状，外侧生有五个坚齿。在需要动武以推翻障碍物和从粪团最厚处开辟道路时，它便伸出带锯齿的前足，挥动双刀，左右开弓，用力地一耙，清理出一个半圆形的工作面。

场地清理既毕，前足就开始发挥其另一番功能：一抱一抱地把经由"兜帽"梳耙剔选的粪便，聚拢到自己的腹部下面。此时，其四条后足正好抱在粪便的周围。后面的足，尤其是第三对足呈弧形而细长，末端很尖，有点像球形圆规，适于把一个球体抱在弯腿的中间，以便检查和修整球体的形状。此时

圣甲虫在搬运粪球

被聚拢到腹下四条后足之间的粪便，经过弧形长足的轻轻施压，便具有了粪球的雏形。接着，经过粗加工的粪球在双重"球形圆规"的中间簸动、摇晃、旋转，不断改善其形状。粪球表层某些部位如塑性较差，就会一片片地剥落。若有的部位粗纤维太多，也难以削切。此时，这名"工人"就会用前足修正这些有缺陷的部分：动用巨掌轻轻拍打粪团，使新裹上的粪料成形，把倔强不听话的纤维屑裹到粪团里去。

经过一阵车、钳、刨、削，以及加工者在炽热的阳光下如痴如狂的一番奋斗拼搏，制作粪球的工程进展得十分神速，旁观者未免惊叹不已。眼看着刚才还是

一颗小小樱桃般大的粪丸，现在已有核桃大了，转眼间又成了大的粪球。我们如果有足够的耐心，还能观察到某些最贪婪的"糕点师"制造出拳头大小的粪球。这样的"糕点"，足可以供几位饕餮者数日的宴会所需了。

已经制作出足够的食品，现在的任务就是尽快地从混战中脱身，把战利品运离战场，去到安全的宴会厅。此刻，圣甲虫往往表现出其习性中最惊人的果敢与大胆，总是毫不犹豫地立即上路，运走粪球。

这位"战士"和"糕点师"用两条长长的后足抱住粪球，其足尖的"爪子"刺入球体两侧，自然形成了粪球的旋转轴；中间的一对长足辅助和维持着粪球滚动时的平衡。这架滚动机械的动力则来自强壮的前肢。食粪虫的身子斜斜地俯伏在粪球上，大头朝下，后足抱持粪球；前足那两把带有锯齿的弧形弯刀则交替地使劲蹬着地面。于是，沉重的粪球就颤颤巍巍、时快时慢、倒退着滚动起来。这就是本文开篇处提到的屎壳郎搬家的一般情景。

离开现场的圣甲虫，现在已是拥有一团食物的"财主"，它全神贯注地搬动着胜利果实，凭着直觉信马由缰地前往第一个宿营地。一路上由于前足交替地变换着推力的方向，后足也相应地挪动而改变着旋转轴，粪球表面各点就不断轮番地与地面接触。这些均匀分布的压力就渐进地完善着粪球的外形，使粪球表层各个部位变得同样地坚实。这样的食物有利于搬动，并且据信口味会更好。

## 漫漫征途 情况瞬息万变

如果你有兴趣去追踪圣甲虫的长途搬运，你会发现这不是一个轻而易举的过程，它常常会遇到艰难险阻。例如，前进路上出现第一个陡坡的时候，沉重的粪球就会顺坡滚下去。圣甲虫为什么会走到陡坡前，恐怕完全是出于无人知晓的、它自己的动机。这条路很崎岖，这个计划很大胆，一根草茎的牵绊，一粒沙石的滚动，任何一步踏错都可能使粪球骨碌碌滚入谷底。圣甲虫自己也会立即被粪球拖倒，落入谷底，翻个仰八叉、六条足朝天乱踢蹬。它努力翻转身子爬了起来，奔跑过去再次抓住它的宝贝粪球，又浑身起劲地推动粪球顺着谷底走了一段平路之后，这个傻瓜不知怎么又来了一股子邪劲儿，非要推动粪球重新攀登上那个陡坡不可。你要到哪里去？为什么不顺着小路平直地前进呢？谁又知道呢，也许圣甲虫真的有什么高招吧？眼看它小心翼翼、一步一步地往坡上退行着，千辛万苦地又把宝物推到了坡的高处。哎呀！一个趔趄，突然就前功尽弃，粪球带着圣甲虫又一齐滚了下去。但它并不认栽，重新攀登，但是很快又跌了下来。这个斜坡真是危机四伏、四面楚歌。接下来，无论稀里哗啦地摔下来多少次，圣甲虫却还在拼命坚持，每次均以百折不挠的执着精神重新开始。它推着、攀爬着，似乎坚信自己是个勇敢的攀登者，终究将会到达自己想去的地方。也许自然界也像人类社会那样，要成功就必须艰苦奋斗吧！

我们不禁想问，圣甲虫难道总是独自搬运它的珍贵粪球吗？答案是不一定！有时候也是会有个搭档的。准确些说，有时候会有另一只圣甲虫不邀自来地加入搬运者的行列。

研究人员曾经观察到，一只圣甲虫加工了一个粪球，悄悄地退出混乱的工地，正当它推动战利品倒退着离开时，身后一只新来乍到、刚开始刨粪的圣甲虫

圣甲虫在努力搬运自己的财物

突然扔下自己的工作，向滚动着的粪球跑过去，高高兴兴地搭起手来，要助幸运的财物主人一臂之力。而这个物主也乐意接受这一帮助，两个伙伴真的就一道干了起来，同心协力地把粪球运到它们想去的安全地点。人们不禁会产生这样的疑问：在劳动工地上，圣甲虫之间是否有心照不宣的协议，可以见者有份地瓜分"糕点"吗？是否一只圣甲虫揉捏加工粪球，另一只开采丰富的矿脉，然后把挖出的优质粪料添加到共有的食物团上去呢？答案是否定的，从未见过有这样的合作。研究的结果表明，每只圣甲虫在劳动工地上从来只是忙着自己的事情，那些后来者也都一样。所以，它们丝毫没有分享劳动果实的习性。科学家还否定了这是一对雌雄配偶的圣甲虫为了成家立业而进行的一种温情脉脉、家庭牧歌式的亲密协作。因为，曾对这样合作的外表难辨性别的圣甲虫进行解剖学检验，最常见的结果是它们的性别相同。这两只圣甲虫既不是一家子，也不是劳动伙伴和雇佣关系，而且它们显然也不是毫不利己、专门利人的家伙。所以，结论竟然是：这是个不怀好意的家伙，纯粹是企图劫夺。这个显得颇为殷勤的家伙，以相助一臂之力的面目出现，但内心盘算的却是一旦有机会便要把整个粪球据为己有。

在粪堆上自己动手制作一个粪球，显然相当辛苦和费事，而且需要耐劳。因此，有些身强力壮而又游手好闲的掠夺分子，未免就要动脑筋把别个做好了的粪球抢过来据为己有，最不济也能硬充为客、强向主人分一杯粪。这比亲自劳作要省力省心得多。如果物主对之不加警惕、疏忽大意，它就瞅机会带着财宝溜之大吉；如果它受到主人的严密监视，无法中途脱身，那就在到达目的地后共进美餐。因为它是帮过忙、出过力的嘛！

拦路抢劫的场面经常发生。一只圣甲虫独自滚动着自己辛勤劳动得来的合法财产——一个品质优良的粪球，在路上行进，突然间，不知从哪儿飞来了另一只圣甲虫；它猛地落了下来，折叠起它那黝黑的翅膀并藏入鞘翅下，立即上前发难。它趁物主低头推粪球、毫无思想准备之际，举起带锯齿的弯刀——前足，一下就把物主击了个仰八叉。当这位被剥夺了财产的物主乱踢乱蹬，好不容易翻转过来、六脚着地之后，那位"绿林好汉"早已毫不留情地雄踞粪球之巅，处于随时可以打退进攻者的有利位置，腿臂收于胸腹部，虎视眈眈地随时准备发出有力的一击。时间凝滞起来，一切有待于事态的进一步发展。那位原先的物主绕着粪球走动，寻找有利的进攻位置；强盗则在堡垒的顶部不时转动着身子，始终与被剥夺者对峙着。如果下方那只圣甲虫立起身子强行攀登，上方的强盗圣甲虫就会向对方的头、背部挥臂猛击，将其击退。如果攻方不改变用同一战术夺回财产的企图，则守卫的一方就能以逸待劳地在堡垒顶上岿然不动，不断地挫败进攻者。

攻防战不断演变着。为了从根本上动摇堡垒和打垮驻军，被剥夺者施展了挖坑道的战术。粪球下部被破坏后，开始摇摇晃晃，连带着顶上的强盗圣甲虫一起滚动起来。强盗竭尽全力不让自己从堡垒上掉下来，但粪球的滚动却使它的身体不断往下滑。它仓促地做了一个体操般的平衡动作，使自己继续待在粪球上面。这次它办到了。但对方无休止地连续进攻，事不过三，它不可能总招架得住。终于，一次动作失误使它掉了下来，双方处在了平等的地位。攻防战立即转化成一场拳击式的角斗。强盗与被抢者互相搂抱住对方，胸部相贴地肉搏厮打起来。双方时而腿臂相勾、关节纠缠，时而又互相摔开。触角和铠甲相互碰撞，发出金属相锉时刺耳的吱嘎声。后来，力大的那只圣甲虫终于把对手打得仰倒于地，自己则挣脱出来，占领了粪球顶部的阵地。围城的攻防战迎来了新的篇章。实际上，根据肉搏战的结果，攻守双方不断变换着角色。被抢者时而是围攻者，时而却扮演强盗的角色。显然，强盗方无疑是胆大妄为的冒险家，所以往往多次占据上风。这样，在历经数次失败之后，被抢者可能因厌战而变得逆来顺受，忍气吞声地放弃战斗，回到粪堆上去再度制作粪球。强盗圣甲虫趁机急急忙忙地把抢得的粪球推走，以免夜长梦多，再受到第三者的袭击。实际上也的确可以观察到另一个强盗来抢夺这个毛贼的财物。平心而论，我们对此既无须惊讶，也大可不必恼火。

在运输粪球的过程中，除了可能遭遇强盗的拦路抢劫，还可能发生其他形式的盗窃行为。有人就曾经观察到，一只圣甲虫滚动着自己的粪球赶路时，有一只同类不请自来地搭上手，相帮着共同运输起来，一路无话，曲曲折折地穿过泥地、草丛、车辙和倾斜的沙地，漫无目的地行进着。这样的滚动可使粪球更为致密，增加其硬度。而且，这样的粪球也许更加适合它们的口味。

它们终于来到了一处合适的地点。那位财产的业主，也就是始终在粪球后面卖力推车的圣甲虫，便要出面主持挖掘餐厅的任务了。业主圣甲虫于是放下粪球，在附近开始了土工作业；另一位帮工圣甲虫则趴在粪球上毫不动弹地装睡。附带说明一下，这位狡猾的帮工刚才一路上只是虚应地趴在粪球上，并不使劲，它只是跟着来到了餐厅附近而已。业主圣甲虫不顾长途跋涉的辛劳，也不管继续在一旁装死的偷懒的伙计，刚卸下重担就立即开始另一轮沉重的土工作业。它用兜帽和带锯齿的前足有力地切挖沙土，把挖出的沙土一抱抱地抛向身后。随着挖掘工作的快速进展，出现了一个倾斜深入地下的隧道。圣甲虫每次从隧道现身抛扔沙土时，也时常瞧一眼它的粪球，有时还关切地把粪球朝洞门口推近些，或轻轻拍几下以感知自己的财产仍旧安然无恙。再看帮工的圣甲虫，依然毫无动静地趴在粪球上装死，似乎老老实实，不像心怀叵测的样子，这使得业主圣甲虫心里感到踏实，干起活来更有劲了。餐厅越挖越深，工程的浩大使干活者出来的次数逐渐减少，间隔的时间也逐渐延长。终于有一次出来探望时，业主圣甲虫发现粪球已不在原来的地点，同时失踪的当然还有趴在财宝上面的那位帮工者。这一惊真是非同小可，业主圣甲虫赶忙向四面八方寻找。当然，凭着以往的经验和自身也是这方面的惯犯，它一面观察，一面嗅寻着追踪而去，在距离几米开外的地方发现了目标。原来那个狡猾的家伙趁着主人不在之际，推着主人的财物走了，一心想占为己有。看见主人追来，小偷发现不可能逃脱，就改变了姿势，掉头用后足支着身子、前足环抱着粪球，装出一副就像刚才粪球突然顺着斜坡滚下去而自己竭力抓住了它并正设法运回原地的样子。由于无法揭示先前发生过的一幕，业主又宽厚地接受了对方的"辩解"，于是这两个"搭档"就好像什么事都没有发生一样，相帮着把粪球运进了洞里的餐厅。

设想发生了另一种情况。小偷瞅准时机，利用地形，把粪球运得足够远，或相对更为隐蔽，从而使业主出来时便已不能发现，也就无从追回财产。这种情形也是时有发生的。在炽热的阳光下准备了这么一团食物；长途跋涉，千辛万苦地运了过来；还挖掘了一个舒适的餐厅，一切准备都基本就绪。经过这番劳作后，财富拥有者情绪极高，食欲大增，这些都为即将开始的宴会平添了无限魅力。"万事俱备，只欠东风"，马上可以大快朵颐之际，却突然发现自己被可恶的"搭档"剥夺了个彻底干净。太煞风景了！太无法接受了！是可忍，孰不可忍！但是圣甲虫终究不是人类，它们非常实际，只承认现实。这时，它们并不因为受到这样的打击而沮丧，往往只是用前足搓搓双颊，深吸几口气，转过身子便展翅飞向最近的斜坡觅食去了。圣甲虫的性格真可谓十分刚毅。

## 美餐足享用

多数情况是这位业主圣甲虫还算幸运，它遇到的是位忠实的帮工，或者更幸运的是它在路上并没有遇到什么不邀自来的合作者。那么，洞穴已经挖好，就位于比较疏松的沙土地里，约有拳头大小，有一条斜斜的短径通到地面，其大小足以让滚动的粪球通过。食物储放已毕，"主人"便与"客人"（如果有的话）进入这黑乎乎的地洞里，回头就用建餐厅时余剩在角落里的建材把洞口封上。门一旦关好之后，用餐变得既安全又快乐，多么美好的时刻呀！餐桌上有丰富的佳肴，没有了燥热的阳光，空气湿润而温暖，世界的喧嚣和烦躁都远远地被隔离了。偶尔传来几声蟋蟀的歌唱，这有利于促进食欲和消化吸收。

谁还会来扰乱一席如此幸福美妙的宴会？有的，研究昆虫的科学家呀！为了积累生命科学的知识财富，科学家甘愿冒天下之大不韪，在如此宁静而美妙的时刻作为不速之客，闯进餐厅。

以下就是昆虫科学家私闯洞穴所观察到的情景：硕大的粪球几乎占满了整个地下餐厅，丰盛的食物从地板堆到了天花板，食物和洞壁之间只留下一条狭窄的过道。厅里坐着两个或多个圣甲虫，更多情况下则往往是业主圣甲虫自己。一旦选定座位后，食客们即将肚子朝向餐桌，背靠土墙，不再动弹，专心地大吃起来，可以说吃了个天昏地暗。此刻，在食客眼中整个世界已不复存在。圣甲虫们没有漏掉一口饭食，没有任何的挑剔，不浪费一点食物。粪球全部被认认真真、有条不紊地吞噬殆尽，而且其中一切可维持生命的营养和能量都被彻底地消化、吸收。

看到圣甲虫们围着粪球如此专心致志地进餐，人们就可能产生一种印象，觉得它们意识到自己生来就承担着净化大地的任务，所以它们十分内行地进行着这项奇妙的化学工程，把粪土化为赏心悦目的鲜花及圣甲虫自身美丽的鞘翅和坚实的躯体，以妆点春天的草坪。为了完成这项把牛羊废弃的渣滓化为生命物质的卓绝任务，圣甲虫们必须有特殊的消化系统。科学家们为此进行了必要的解剖检验，果然，它们那极长的肠子令人惊叹不已。最大限度合理安排的肠子反复蠕动着，经过多次循环，把这些渣滓彻底消化掉，吸收出每个可利用的分子。对食草动物所排渣滓中极为有限的物质和能量最大限度地加以利用的圣甲虫们的消化道，完全是一台效能强大的蒸馏萃取器，把提炼出来的营养变成圣甲虫们乌黑的铠甲，改造成其他食粪虫金色的鞘翅，还有红宝石和祖母绿等颜色。这是真正的化粪土为神奇！

圣甲虫们一旦把食物搬运到洞府后，总是绝不耽搁地立即开始进食。它们毫不懈怠、夜以继日地吞食着、消化着、排泄着，直到粪球终于被吃得干干净净。想要证实这一点并不困难，并且还挺直观，研究者们把圣甲虫栖息的小室打开，任何时候都能观察到圣甲虫正襟危坐在餐桌旁，口器贪婪地、全神贯注地咀嚼食物，身子一动不动，身后拖着一根带子，像是随便盘绕着的长长的缆绳。人们很容易猜想到这根带子是什么。此时，圣甲虫的肛门就像一个蜘蛛的纺器。此"缆绳"只有一条，它始终挂在纺器的口上，不断地延伸，就表明消化行为正在继续。当食物行将吃完时，"缆绳"已经到了令人吃惊的长度。多么让人惊叹的消化能力啊！它连续地吃进、消化、吸收，然后排出，这个过程往往要持续一个多星期甚至两个星期。

整个粪球被送进纺器之后，这些隐居者们又将回到地面来寻找机会。它们找到粪便，如法炮制一个新的粪球，于是再次重复以上的过程。这样欢乐的生活可以延续一到两个月，即从5～6月。然后，暑热的天气来了，蝉儿开始大声地聒噪，圣甲虫此时便要躲藏到阴凉的地下避暑；同时也为生儿育女，为了种族的未来而进行着另一番的忙碌。当第一场秋雨落下，圣甲虫们再度爬上地面时，你就可以看到它们跟新一代即孩子们一同嬉戏了。

## 圣甲虫的育儿袋

我们历来都知道，除了觅食谋生之外，筑巢做窠、保卫家室都是动物本能的完美体现。大自然告诉我们，母性最能激发动物的本能。母性的主要作用是绵延种族，这甚至比保存个体还要重要。就昆虫界（纲）而言，膜翅目昆虫（以蜂类为代表）的身上凝聚着最深厚的母爱，它们所有优秀的本能、才干，都是为解决后代的饮食、栖息所准备的。尽管它们的复眼不可能看到自己的子孙后代，但凭着母性，

犀金龟

它们为了即将来到世上的子女们而使自己成为多种技艺的行家里手，成为最好的能工巧匠。至于其他种类的昆虫，母爱通常都很浅薄。而那些能与蜂类温柔细腻的母爱相媲美的，竟然只有食粪虫的母爱。

以下讨论圣甲虫是怎样养育它们的后代的。

当初，许多学者都曾猜想，圣甲虫小心翼翼滚动的粪球中可能藏着它们的后代——受精卵或幼虫。但是，法国著名的昆虫学家法布尔[①]否定了此种看法。

---

注①：J.H.法布尔（1823～1915），法国昆虫学家。毕生研究昆虫的生活习性，出版了多部科普著作。其中10卷本《昆虫记》被誉为"昆虫的史诗"，法布尔也因此被称为"昆虫界的荷马"。

他发现圣甲虫通常搬运的粪球品质比较粗糙，只能充作成虫的食物；而它们对用来产卵和哺育幼虫的粪球有着很高的要求。这类粪球通常是在湿润暖热的地穴里，由雌性圣甲虫把从远处运来的粪球打开检查后，为它们将来的娇弱的孩子们挑选合适的粪料制作而成。这些不是一般的骡马的粪便，它们首选的是绵羊所赐的美食。不是那种羊撒下的干瘪的一粒粒的"黑橄榄"，而是那种在不太干的肠管中所加工制作形成的"纯粮饽饽"。这才是它们为孩子们选中的"专用面包"。这种"面包"不同于骡马排泄的那种缺少脂肪的粗纤维产品，而是一种油腻而富有黏性的均匀物质，其中甚至还饱含着有营养的汁液。它的油腻和黏性也令其更便于加工成所需的精确形状，成为有利于幼虫发育的育儿窠巢；它的食用质量更适合新生幼虫相对脆弱的胃肠。

圣甲虫妈妈用精选的材料建起一个横卧的、迷你型的梨状粪料育儿球——精确的球形加上一个稍小的梨形颈把，连接处的线条既光滑又流畅，而且颇具艺术性，从美学的角度看也无可挑剔。这个梨形粪球的长径最大达到45毫米，最小的也有35毫米；短径（宽度）则为28～35毫米。圣甲虫的卵不像一般猜测的那样位于最安全的巨大球体深处，而是出人意料地处在小小"梨把"、靠近顶部的空腔之内。就在"梨把"的顶端，圣甲虫妈妈在这里挖了一个四壁光滑的椭圆形洞室，其长轴与梨形粪球的长轴平行，这就是胚胎所在的"圣龛"，也是孵化室和育儿室。虫卵的体积相对虫体而言很巨大。我们知道，圣甲虫成虫平均体长约为25～30毫米，身体宽度也就20毫米左右；而这个白色椭圆形的卵竟然长达10毫米，宽5毫米。虫卵的末端紧固地粘在"梨把"顶端的壁上；整个卵横空出世，直挺挺地伸进空腔中，与孵化室的四壁不依不靠，即虫卵与孵化室的周壁之间正好隔了一层薄的空气。我们知道，一层不流动的空气是既隔热又保温的最佳材料。存在的一个问题是如果育儿袋中的食物变得干燥，这对幼虫的生命具有极大的威胁。实际上，育儿粪球所在的地下洞穴到地表的土层厚度也就10厘米。这薄薄的土层绝对挡不住夏季伏天的酷热，所以夏季幼虫居室的温度相当高。而幼虫的食物需要保持柔软达4个星期之久，但在此期间食物很容易变干到令幼儿难以啃食的程度。如果幼虫的牙齿找到的不是松软的"面包"，而是像石头那样硬邦邦的啃不动的"干饽饽"，这可怜虫就注定会饿死；实际上也真不乏饿死者。科学家发现过8月毒日头下的丧生者们，它们只在中心掏了一个不大的洞，吃完了松软的食物，就再也啃不动那变硬了的储藏品，最终成了一个个可怜的饿殍。

圣甲虫妈妈为了帮助幼儿摆脱因食物干燥而死亡的命运，采取了两项预防措施。首先是把梨形粪球的外层压紧，使之比核心部分更致密而均匀。我们如果试着把这样一个干燥的粪球从外层加压捏碎，就发现外层的硬皮会剥离而脱落下来，露出里面较松软的核，就像核桃的壳与果仁可以互相分离那样。雌虫加工梨形粪球时，只压紧表层几毫米厚的地方，它的压力并不扩散到更深层的部位。这样就可在外层形成一个硬壳，而在深处保留了一个体积庞大、质地松软的核心。

其次，圣甲虫妈妈又做了第二件事。人们都知道，在其他条件相同的情况下，水分的蒸发量是与蒸发的面积成正比的，也就是说当物件的表面积最小的时候，其蒸发量相对最低。为使物质团的表面积达到最小，其最合理的形状就应是球形。圣甲虫妈妈生来就是一个天才的"几何学家"，它本能地把幼虫的口粮加工成圆球。本来，利用自身具有的工具，它们可以把粮食塑造成其他的形状；也可以把工作简化到极点，把那些粪块随便以任何形状丢在一边即可。如果那样，劳动时间就大大缩短，圣甲虫妈妈可以有更多的时间在阳光下欢娱。但是它不！圣甲虫妈妈细心地劳动着，非常准确地把粪块做成需要的形状——精确的球形，就像它似乎深谙蒸发定理和几何学原理似的。

余下的问题就是那个突出在球体一侧的梨形颈把了。前面已有说明，在此部位有个空腔，就是虫卵所在的孵化室和育儿室。科学告诉人们，一切动植物的胚胎都离不开空气。空气中的氧是生命的原动力。鸟类的卵壳上布满了微细的气孔，就是为了其内部的胚胎可以跟外界交换气体及孵化所需的热量。那么圣甲虫梨形粪球干燥坚硬的外层也就类似于鸟卵的外壳，一薄层硬皮下的小室是整个粪球与外界交换空气和热量最方便的部位。这也就是虫卵存放在此的最充分的理由。

梨形粪球巨大球体部分的外表是一层硬壳，里面较松软的核心部分也是充实而致密的物质，此处气体和热量的流通显然较"圣龛"小室困难得多。如果虫卵一开始就位于此球心部位，必然会因为呼吸困难而得不到孵化，导致死亡。如果幼虫从小室啃食松软的"面包"，掏出空洞而进入球心部位，那时就不存在这些问题了。从背后"梨颈"部渗透而入的、源源不断的新鲜空气，将足以维持这个相对强壮的幼虫的生存所需。

我们知道，鸟的胚胎就在卵黄的表面，由于它可以快速流动，所以无论卵的位置如何，胚胎总浮在卵黄的上面。这样当亲鸟蹲伏在卵上时，胚胎总能更好地接受亲鸟腹部传过来的热量。圣甲虫的卵与鸟卵不同，它靠太阳晒热地面而得到热量，它的胚胎像万物众生那样从大地母亲那儿获得生命的火花。因此，这个卵决不应该放在无生气的粪核中央，而必须生活在梨形粪球一端即"梨颈"部的近地面的温热气息之中。

关于圣甲虫的孵化室还应该交代一个细节。在梨形粪球的顶端，我们看到有那么一处显得颇为与众不同。此处往往有若干较粗的参差不齐的纤维，而其余各处则都已细心地打磨平滑。这里就是圣甲虫妈妈最后安顿好虫卵之后用来封住洞口的塞子。塞子蓬松的结构表明其未经拍打和压紧。这是为什么呢？因为塞子的后面，虫卵就紧靠其上。如果用力挤压，塞子就会被后推，这个压力传递到虫卵上，娇弱的胚胎就面临严重损伤的危险。圣甲虫妈妈好像很清楚这一点，所以采用了粗松地塞住洞口的方法，并且不加拍压。这样既保证了虫卵的安全，又使得孵化室空气能更好地流通。

为了弄清楚圣甲虫制作梨形粪球时更多的详细情况，昆虫学家需要亲眼看看它们的制作过程，既要在野外观察它们在自然条件下的生存情况，有时还必须把它们采集回来，在实验室里进行重复地再现其整个过程的观察。例如，把筛选过的田土装在广口大玻璃瓶里，弄湿、夯实到适当的程度，以模仿野外的条件。然后把从野外抓回的一些雌性圣甲虫和它们抱着的那些宝贵的小粪球，放在这些瓶中的人造土地上，等待并进行观察。幸运的是，人们的耐心无须经受太久的考验。因为这种虫子迫于其本身卵巢的变化，往往惊魂甫定之后就很快地重新开始了它们被打断的工作。此时也常会看到某些圣甲虫妈妈较长时间地一直待在土面上，并把它的粪球打碎，把粪块捅破、弄散，扒得到处都是。千万不要以为这是这些小东西们被抓之后吓昏了头的破坏行径。实际上，这些做法完全属于明智的、出于卫生考虑的举动。原因是这样的：对那些匆匆忙忙搜集来的粪球，圣甲虫显然不可能在许多争抢者面前进行仔细的检查，实际上由于下述理由而有必要再进行一次审慎的察看。当时很可能会有些裹着小蜣螂、蜉金龟之类微型食粪类昆虫的粪料，在狂热的猎食中不小心被团裹到了粪球里。这些虽非故意的入侵者，一旦待在了粪球内部，长期吞噬这些美食，会大大损害合法消费者的利益，造成粮食严重匮乏，甚至危害幼虫的生命安全。有时，如果粪料中混进了有发芽能力的植物种子，也是一种潜在的危险因素。因为一旦种子发芽生长，便会造成粪球崩裂，危及幼虫安全。所以，圣甲虫要把粪球打开，掰成小碎片，把那些入侵者等危险因子剔除出去；再把经过严格审查的碎块收集起来，团成球形，推入地下室，加工成形状规整、干干净净的梨形粪球。

## 圣甲虫的幼虫

炎炎夏日的阳光为自然界一切生灵的孵化提供着最有效率的热源，它也恩泽普济地眷顾着薄薄的"天花板"下面圣甲虫的卵。于是在前述的梨形育儿袋中，经过一周或至迟12天之后，巨大的卵变成了小小的幼虫。刚出"襁褓"的新生儿迫不及待地开始咬食孵化室的壁，不过并不是随意地，而是谨慎地遵照一定规则行事，不可犯错误。道理很简单：如果它咬的是房间两侧很薄的板壁——这里同其他部位一样是上好的、有营养的食物——当它用坚硬的上颚去刮食凸出的顶端最薄之处时，就会很快地捅出一个通向外界的窟窿。无助

金龟子的幼虫，肥胖的壮汉

圣甲虫的幼虫

的幼虫很可能会跌出育儿袋而丧生，因为它再也找不到圣甲虫妈妈费尽心思为它准备的食物间；即使找到这个粪团，那坚硬的外壳也绝不是幼弱的它所能啃食得动的。

这个小小的新生幼虫，尽管身上还残留着卵囊中带来的黏液，却已拥有本能，似乎已经完全明白生活中可能存在的危险，而且知道如何避开危险。相比之下，许多更高等的生物小的时候反而不一定有这么高的生活上的"智商"，它们全靠母亲守护在身边。

尽管在开始进食的幼小圣甲虫周围都是一样的美食，都很对它们的胃口，但事实上它们却只攻击那背后连着巨大粪球的、小房间的屋基。这些小东西的进食可说是充满着危险和机智。圣甲虫在幼虫时期致命的啃食过程中，开始的几口是尤为可怕的。因为生命是那样的脆弱，墙壁又那样的薄弱，幼虫稍有差错就可能跌出育儿袋而导致夭折。因此，为了保护自己，幼虫似乎具有原始的灵感，即此种昆虫的本能。它完全听从本能的指令："你只能咬这儿"，"一定别咬其他地方"。没有这种灵感，谁也不能幸存下来。这就是自然的选择。

幼虫从"梨颈"的基部开始咬食粪球，边吃边前进，逐渐进入粪球的中心部位。随着食物的消耗，粪球中心形成了一个空腔。幼虫也变得肥肥胖胖，身体闪耀着健康的象牙白色的光泽，有时还带点儿灰色的反光。它盘踞在这个粪球中心的洞室里，摇头摆尾地不时转动着肥胖壮实而有点儿丑陋的身子。为了观察这些小生命在育儿室里的生活状态，研究者此时在梨形粪球的"肚子"上划开了一个0.5平方厘米左右的小天窗。白光一闪，隐居者的小脑袋马上出现在了洞口，来看看发生了什么情况。它弄清楚了这儿发生的残破缺损，头马上缩了回去。白光闪动，我们隐隐约约地看见它白胖的背部在小小的巢穴里转动；很快，刚刚划开的那个小窗就被一团褐色的、软软的、有点湿乎乎的东西封住了；而且那软软的、湿乎乎的东西又很快地变干变硬了。

这一现象有点儿出乎研究者的预料。人们曾经以为幼虫的巢穴里会充斥着浆状的半流体物质，幼虫在里面转动时，是在大把地收集这类物质。转过圈来，它就把这抱东西当作水泥砂浆，涂在它认为危险的缺口上，把破洞堵住。为了证实这种猜测，研究者再一次打开了封口上的"水泥塞子"。幼虫又出动了：先是似乎把头探到了小窗口，然后缩回去；原地转动身子就像一个果核在果壳里转动那样；接着，窗口马上又有了一个差不多同样的塞子。因为这次是在重复一件期待中要发生的且曾发生过的事情，思想上是有准备的，所以研究者观察得也更为确切和清楚。

但这件观察得既确切又清楚的事是我们未曾预料的，甚至是不敢猜想的。幼虫转动之后探向窗口的不是它的头部，而是相反的一端，它的屁股——如果也可以称为屁股的话。幼虫不是用一抱收罗来的物质，而只是在缺口处拉了一泡屎来封塞破洞。这样，从客观上看就经济得多了，况且这种"黏合水泥"的质量甚好，很快就能凝结硬化。只要肠子这个"水泥厂"经常有货，这种应急修补就能既迅速又有效。事实上，幼虫肠子里的货物绝不匮乏，其库存量之丰富甚是令人惊讶。实验中，观察者五六次甚至更多次地把塞子拔掉，那水泥一样的东西也一次接一次地分泌出来，似乎取之不尽、用之不竭。圣甲虫幼虫很可能也像成虫一样是个排泄冠军。

圣甲虫幼虫的肠腔能够被这样得心应手地运用自如，必然有其解剖学方面的特点。下图向我们展示了幼虫生产那奇特的"黏合水泥"的工厂。这个工厂包括从脖子处开始的一段短短的食道，然后是长达幼虫体长3倍且很粗的胃管（即

圣甲虫的消化器官

消化道），在其四分之三处，于一侧形成一个分支的附加胃——鼓鼓囊囊的一个大食物袋，里面储满了已消化的食物，并在此彻底吸收一切营养物质。消化道和附加胃满满地占据了幼虫的体腔，使其背部鼓起成为驼背，让幼虫整体像个褡裢。消化道末端分化出4根细长的马尔比基氏管，这是昆虫的泌尿器官。消化道往后即为肠管，相对窄细，经屈折向后形成粗粗的直肠。直肠特别粗大，肠壁也厚，有许多横纹褶皱。整根直肠被里面所装满的东西撑得鼓胀，这儿就是堆积消化物残渣的仓库，也是随时准备提供"黏合水泥"的有力的喷射筒。

为了更加形象地了解幼虫修补育儿袋破口的动作，我们再观察一下其身体尾部的相应结构。幼虫尾端最后一个体节被截成一个倾斜的平面，周边有一圈凸出的肉质垫，该斜面的中心开着一个扣眼样的口子，这就是排粪口。它的方向奇怪地转而朝上。这个斜面就是幼虫的"大抹刀"，扁平扁平的，带着一圈凸边，可防止从体内挤压出来的东西白白流失。

挤出来的"水泥"一旦成堆，压紧和抹平的工具就开始运作：把黏合剂送到凹下的缺口处，用力压进那塌陷的缺口里，让"水泥"变得坚固而平坦。这样用"抹刀"抹平之后，幼虫就调过头来，用宽大的前额敲打、压紧，并用嘴角将其修理得更完美。等上一刻钟，修补过的地方就会跟粪壳的其他部位一样硬，这是因为"黏合水泥"凝结得相当快速的缘故。从外面看上去，压在缺口处的东西不规则地凸起着，可以看出此处修补过，不

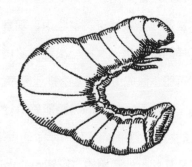

圣甲虫幼虫尾端的"抹刀"

过外面是幼虫的"抹刀"所不能及的地方；而粪壳内层的那个部位就什么痕迹都不会留下，曾被破坏过的地方仍然同破坏前一样平滑。一个粉刷工人修复我们屋子里的墙洞时，也许他干的比这也好不到哪里去。

附带说一句，幼虫的修补才能并不仅止于此。依靠对其黏合剂的运用，它还能修复破碎成几块的"罐子"哩！事情的经过是这样的：作为幼虫育儿袋的梨形粪球的外壳，通常已经又干又硬，像个结实的蛋壳，也像一个装了新鲜食品的罐子。在野外挖掘这样一个罐子时，由于地形、地质条件困难，或者使用铁铲不当，有时会把这个干硬的外壳碰破。有一次，当工作人员把一个破碎成数片的粪球拣拾起来，把幼虫放到原位，再把碎片按原样拼好，外面用旧报纸包裹起来，固定住这个拼装起来的罐子。当把它带回实验室中时，竟然发现这个罐子已变得跟原先一样结实，成了一个整体，只是外表不太好看，添了些长条的疤痕。原来在回家的路上，身怀绝技的幼虫已经把它破碎的蜗居修复了。它在壳里喷涂着黏合剂把碎片之间的裂缝粘起来，又在里面涂敷一层厚厚的"灰浆"把墙壁加固。如果不计较那不整齐的外壳，这修复过的居室是可以跟原先完整无损时相媲美的。在这修补过的密室里，幼虫又找到了它所需要的宁静。

圣甲虫的幼虫为什么会拥有这种修补其蜗居的天赋？这种修补能力对幼虫的生存有什么意义？这种天赋是对自然界适者生存法则的一种体现吗？

幼虫一当发现巢穴上有破洞时就立即予以堵塞，难道是为了要完全生活在黑暗里吗？但是幼虫是看不见的呀！它暗黄色的头颅上并没有任何视觉器官。当然，仅仅没有眼睛并不能完全否定光线的影响，也许光线是被幼虫柔嫩的表皮隐隐约约感觉到了呢？

需要通过一个适当的实验来回答这个问题。把一些幼虫从它们所出生的梨形粪球中取出，转移到装了食料的玻璃小圆瓶中饲养。在食料上挖一小坑，坑底部做成半球形，用以代替它们原来的天然巢穴。供实验用的幼虫就生活在这样的人造巢穴中。封好瓶口后，人们发现这些居民并未对居室的变化产生明显的不安。它们认为瓶中提供的食物也很对自己的胃口，所以也就像平常一样在围墙上啃食起来。这表明迁居并没有引起这些泰然自若的食客们的慌乱。我们的人工饲养很顺利，对各种现象的观察也毫无阻碍地进行着。

人工挖成的小坑体积只相当于梨形粪球底部的一半，所有的迁居者们安定下来之后，都动手慢慢地把这个育儿室修造完整。在我们原先提供的"地板"上加上圆屋顶的"天花板"，以便把自己关在一个球形的围城之中。它们用的建材就是自己肠子提供的"黏合水泥"；施工工具就是自己的"抹刀"，即身体最后一节末端那圈凸起的肉边围着的斜面。操作方法是把分泌出来的"建筑石膏"抹在小坑的边缘，等"石膏"凝固以后，就以这些变硬的"石膏"作为新的出发点，接着建第二圈稍微向内倾斜的洞沿。这样一圈一圈地建下去，整体形成的曲面便越发明显。依靠它尾部每次的挥动所及范围，最终确定了这个球状物的半径。幼虫采用这种方法大胆地凌空建造了圆屋顶，将研究者事先开了个头的球体修补完整。至于我们人类建筑师建造圆拱顶时必不可少的脚手架和门拱支架，它却一概省略了。

在这群幼虫"建筑工人"中，有的也对类似的工程进行了简化。瓶子的玻璃内壁表面光滑，符合它们的要求；如果有时其弯曲度又正与它们预期的相吻合，这部分玻璃壁就会被利用起来，作为球形墙壁的一部分而保留了下来。这也许并不是为了节省劳力和材料，而是由于它们感到所挨着的光滑而弯曲的内壁就是它们自己造就的。这样就在球形屋顶上保留了一块不小的玻璃窗，这也正中我们的下怀。

好了，透过这样一扇玻璃窗，可以看到那些肥胖的大肚汉们沐浴在明亮的阳光里，跟别的幼虫同样安心地吃食、消化、休憩，悠闲自在，毫不急于用一层"黏合水泥"糊住明亮的玻璃窗。这就表明幼虫们急急忙忙去堵住窠巢上的裂口，并不是为了避开光亮。这样看来，幼虫担心的可能是破洞将引起育儿室内外空气的快速流动，形成的风从缺口大量灌进去（前面交代过梨颈部的圣甲小室有一个疏松的塞子，以保证足够的空气渗入供卵胚和幼虫的呼吸所需），尤其是7月的酷暑和干旱，必将使食物迅速脱水、变干而成为不能食用的"硬饼干"，致使幼虫缺乏食粮，终将成为一个个饿殍。所以，它们如果想一直都有嫩嫩的"面包"吃，就得好好地修补和维护好这个装食物的家舍。因为它们的妈妈为它们安排好装食物的罐子之后，就已离它们而去，不再照料孩子们了。

刚才说到圣甲虫的幼虫们手持"抹刀"，还拥有一个随时提供"黏合水泥"的"工厂"，它们是够格的粉刷匠和罐子修理工。它们随时都在修理裂开的罐子，以保持面包松软。那么，它们这种本领在自然界究竟有何意义呢？显然，因为科学家前来访问而弄破外墙的次数，在它们亿万年的生活史中寥寥可数，因而十分微不足道，完全可以忽略不计。所以，人类的破坏干预绝不是它们拥有"抹刀"和"黏合水泥"的原因。那么这套技艺究竟有着什么样的意义呢？

值得注意的是，在巢穴平静的外表之下，在那看似安全的蜗居里，幼虫的安全仍然有着潜在的危险。从小到大，谁不会经历危险呢？有生命存在，就伴随有威胁生命的危险。自从圣甲虫在太阳光下滚动粪球以来，对于它们而言，就已经知道有三四类可怕的危险存在，这些危险因素始终在处心积虑地企图为害它们，破坏它们的食品储藏罐。

在绵羊提供的"糕点"周围，很多种食粪昆虫在激烈地争抢着。当雌性圣甲虫赶来、匆匆忙忙拖出它那一份粪料之际，那一小块粪料可能同时处于多个食客的支配之下。其中最不起眼的小东西却往往是最可怕的。例如，也许某些小个儿的屎蜣螂躲藏在粪块底下干得正欢呢！有几个贪吃的还钻到了粪料最厚的地方，侵入到粪料的中心地带。斯氏屎蜣螂就属于这一类，它们身子乌黑发亮，鞘翅上有4个红点。还有更小的蜉金龟，把它们的卵产在粪料肥沃之处。圣甲虫妈妈匆忙地检查它收集到的粪块时，有几个屎蜣螂被剔除了，而有些埋在粪块中央的就没有被发现。再说，蜉金龟的胚胎很小，更易躲过圣甲虫妈妈的察觉。这块被侵害的粪料就被拖到了地下洞穴，并被揉搓成形。这些偶然被包在梨形粪球里面的屎蜣螂不断地蚕食着粪球，成为圣甲虫幼虫的捣乱者，就像果园里蛀食梨子的食心虫。当这些害虫吃得心满意足之后，便在梨形粪球上打个孔爬出去了，那些圆孔大得差不多可以插入一支铅笔。蜉金龟干的事就更糟

亮丽法那斯的孵化室

了，它的后代孵化之后就在那食物罐中生长、变化。科学家曾观察到几个遭受这种破坏的梨形粪球，在好几个方向上都被捅穿了、布满了孔洞。那些并非有意寄生在粪球中的小食粪虫们则正从这些开口中爬出来。

如果在圣甲虫的育儿袋上钻气窗的寄生虫太多，圣甲虫幼虫便会夭折。因为它的"抹刀"和"黏合水泥"还不够应付这么多的活，它只能对付破坏程度不那么严重、入侵者不那么多的情况。此时，幼虫会很快堵住它周围被钻开的通道，消除那些侵略者造成的破坏。于是，梨形粪球的中心就不会发生干燥硬化，幼虫本身也就得救了。

有多种隐花植物有时也掺和其中干些破坏的勾当。它们钻进肥沃的粪球，在里面生根发芽，把粪球钻出一条条裂缝，一块块地将其像鳞片那样掰开，同时还偷偷地埋下一批新的种子。设想如果粪球壳上被这种植物钻出些裂缝，而幼虫又不能及时用黏合剂糊住这些气窗以保护自己的蜗居，那么照样要引发食物的干燥硬化，幼虫也就活不下去。

还有另一种常常发生的使幼虫死亡的情况。即使没有那些捣乱的动物和植物的破坏，梨形粪球自身也常会发生一块一块剥落、胀裂甚至破碎的情况，其原因可能归结为多种物理化学因素。例如：是否由于圣甲虫妈妈加工制作的时候用力不均匀，局部压得太紧，有些点位上受力不一致，后来引起某些部分发生应力释放？或是粪球里某些部位发生了酵解作用？或者粪球因不均匀干燥而发生开裂，就像黏土干缩时那样？很可能这些因素都存在。

不过，我们大可不必担心这些自然裂开的缝隙或孔洞会把事情搞糟，幼虫会即刻采取措施，立马用"抹刀"和"黏合水泥"解决问题。要知道在人类尚未诞生之前，它们就已经懂得运用上帝赐给它们的本领来保护自己了。

## 历尽艰难 一个全新的圣甲虫诞生了

幼虫在育儿袋里吃着食物组成的墙壁逐渐长大，梨形粪球巨大的一端慢慢被掏成一个空腔，此间屋子的空间随着里面居民的生长而相应地变大。这个隐士在蜗居深处吃得饱、睡得暖，变得又肥又胖。它还需要些什么吗？是的，它需要解决排泄的卫生问题。幼虫的身体占据了窝里几乎全部的空间，如果房子没有裂口要修补，那鼓胀的肠子不停地制造出来的黏合剂需要有地方堆放。

幼虫有一种办法来处置这些残渣。它从梨颈部的孵化室出发，总是向前行进，吃面前的东西，而不去触动周围保护自己所必需的薄墙。随着幼虫进入巨大球体的中央，它身后就逐步形成一块空地，废弃物可以存放在此，这样也不会把前面的食物弄脏。于是，排泄物先堆满了孵化室，随着幼虫向粪球腹地前进，逐渐堆积到身后所留下的空地里。这样，梨形粪球颈部的密度逐渐恢复到原先的水平，而基部的厚度则不断地减小。也就是说，幼虫的身后堆积着逐渐增多的排泄物，但身前面临的仍是未曾接触渣滓的清洁的食物，虽然食物量正在日渐减少。

4～5周之后，幼虫发育完全。在它的蜗居里，身后一端堆积了很多排泄物而变得厚厚实实；前面一端则因长期坐吃山空而剩下一层薄薄的墙壁。有必要重新布置和装饰一下它的蜗居了。况且幼虫即将变成皮肤幼嫩的蛹，应该把房间垫得软软的，才好让自己住得更加安全和舒适。幼虫最后几次进食已经把墙壁刮到了厚度允许范围的极点，所以最好把这边的半球加固一下，以策安全。

为了这个意义重大的工程，幼虫已小心谨慎地保存了丰富的"黏合水泥"。"抹刀"再次挥舞起来，这次可不单是修补一下断砖破瓦，而是要大面积地加厚那堵原已很薄的墙壁，并整个地粉刷一遍蜗居的内部。小窝在幼虫那"抹刀"的挥舞之下，又光又平，而且也颇为柔软。幼虫最终把自己封闭在一个密密实实的保险箱里。这个箱子手捏不破，土砸不坏。在这个安全的保险箱里，幼虫蜕皮变成了蛹。

可以说在昆虫世界里，很少有谁能比得上圣甲虫的蛹这种稚嫩生物朴实无华的美丽：鞘翅折叠在前面，像大块折着的长围巾；前足曲在头下，有点像成虫装死时的样子，让人联想起缠绕着亚麻绷带、姿势呆板的木乃伊。它的身体透明，带点蜂蜜那样的乳黄色泽，看上去像是由琥珀雕琢而成。假如这是一块坚硬而不可腐蚀的矿物，那它就是一件精致美丽的黄宝石首饰。

再经过4个星期，圣甲虫的蛹才能变为成虫，但还只是形状，不包括肤色。蜕去蛹的旧衣服后，圣甲虫的肤色可说甚是怪异。头、足、胸都是暗红色，只有头盔的锯齿和前足的锯齿带有烟熏过似的黑褐色。腹部是不透明的白色，鞘翅则是半透明的白色染了点儿淡淡的黄色。这威严的服饰融合了主教所穿披风的红色和祭司所穿大袍的白色，这点与昆虫名字的神圣性颇为般配。但衣服这种现有的颜色是暂时的，它将慢慢地加深，最终变成单一的乌黑色。再经一个月的时间，角质"盔甲"会更加坚硬，肤色终于得到最后确定。

## 一场秋雨　新的圣甲虫破壳而出

漫长的变态期过去之后，圣甲虫终于成熟了。它们的心也从不安的等待和即将获得解脱的快乐中苏醒了。迄今还是黑暗之子的它，急于想要活跃在阳光下。冲破硬壳，冲破黑暗，从地下钻出到阳光下嬉戏的愿望是如此强烈；但是，获得解脱的困难也不小。它那出生时的摇篮现今已变成了可憎的牢笼。它能不能从中挣脱出来呢？

通常，圣甲虫在8月里成熟并破壳而出。但是8月是骄阳似火、炎热干燥的时节，如果没有阵雨湿润一下炎热干燥的大地，软化一下坚硬的粪壳的话，那个要冲破的小屋、要打穿的围墙，就会让圣甲虫的希望落空。在如此坚硬的壳面前，它真的无能为力。

曾经做过这样一些实验：收集了一些梨形粪球，里面包着的圣甲虫成虫正要出来。这些粪球的壳又干又硬，我们把它放在一个盒子里，继续保持干燥。这几个茧壳里先后传出好似锉刀刮墙的窸窣声，这是囚徒们正在用头盔上的耙和前足上的锯齿刮墙壁，努力想打开一条出路。两三天过去了，"解放运动"看不出什么进展。我们帮助了其中两只圣甲虫，用刀尖在粪壳上开了个天窗，以为这样给里面的囚徒提供了一个扩大战果的突破口，会让解放变得容易一些。但是，我们的帮助并没有让它们干得比其他圣甲虫更快。

不到两个星期，所有的粪球都安静了下来。囚徒们白白地受了一番累，最后都筋疲力尽地死去了。我们把另外一些同样坚硬的梨形粪球用湿毛巾裹起来，放在密闭的小瓶子里。湿气渗进去之后取走毛巾，粪球则仍旧留在瓶里，盖上瓶塞。这一回事态的发展完全不同。受到湿毛巾恰到好处的软化作用的外壳被打开了。大功终于告成，这些圣甲虫轻而易举地获得了解放，几滴水就让它们得到了被阳光照射的欢乐。

实验模拟了自然界的情况：8月，骄阳似火，烫人的田野里粪壳在薄薄的泥层下面像砖一样被焙烧，大多硬得像石头。圣甲虫不可能打破牢笼从中出来。但是来了一场阵雨，这是圣甲虫的后代和某些植物种子在热炉灰样的土层中等待着的洗礼。有了这么一场雨，田野就会复活。在预示着秋天来临的八九月的头几场雨中，圣甲虫获得了自由。它们离开出生时的地下室，活跃在牧场、草坪上，就像它们的上一代在春天活跃在这里一样。在此之前一直吝啬的乌云，最终还是前来解放了它们。

但是，我们可别忽视了圣甲虫破壳而出之后的最初行为，应该了解一下它的早期生活状态。8月，当听到那囚徒在牢笼里无奈地折腾时，我们打碎了这个壳，把它放进有着丰富的新鲜食物的饲养笼里。按理说在这么长期的禁食之后，应该是急不可耐地吃些东西以恢复元气的时候了。但尽管那诱人的食物在召唤它、邀请它，这个新生儿对那些优良的食物竟然不屑一顾。它首先渴望的是享受阳光。它爬上金属网，沐浴在阳光下，一动不动地沉醉在阳光里。

生平第一次沐浴在灿烂的阳光里，圣甲虫迟钝的脑袋在思考什么呢？也许什么都没有，它无意识地享受着花朵在阳光下绽放般的快乐。后来，圣甲虫终于奔向食物。一个粪球加工好了，符合所有的要求。新手们不经学习，初次尝试就做成了一个完美的球形，那些曾经反复练习，经验老到的圣甲虫所做的粪球也并不比这更规范。它和它的先辈们一样地挖洞，以便安静地享受自己揉搓的"面包"。这个新手完全沉浸在对自己艺术才干的欣赏之中。终于，粪球储藏到了新挖的餐厅里，屋门已经关上，万事大吉。有了可靠的小窝和"面包"，自己动手丰衣足食，快乐万岁！它对一切都很满意。多么幸运的生命！你从来没有看过同类干过这活儿，也从没学习过，你生来就具有这一行的本领，没有多大困难就为自己挣得了莫大的平安与食物。这在自称为万物之灵的人类的生活中，实在是极为罕见的。

# 妈妈精心操持　宝宝丰衣足食
## ——技击高手泥蜂行猎图

"螟蛉有子，蜾蠃负之。"《诗经·小雅·小宛》里的这句话，揭示了中国古代文人对一种昆虫生态现象的观察结果。蜾蠃蜂（一种长得像黑胡蜂的捕猎性膜翅目昆虫）把螟蛉（一种绿色蠕虫，鞘翅目昆虫的幼虫）捞回自己窝中，然后有新一代的蜾蠃从窝中飞出来。后来《诗经》里的这句话被引申为一种观点或概念，指蜾蠃不生子，但会喂养螟蛉以为义子，从而螟蛉二字在中国成为义子的代名词。当然，古人的这种观察是不完整的。因为，蜾蠃蜂实际上是把捕得的螟蛉麻醉后运回窝里，在其身上产卵，卵孵化后即以螟蛉身体为食，直至化成成虫后从窝中飞出来。

现在我们以节腹泥蜂和飞蝗泥蜂为例，了解一下捕猎性蜂类是如何构筑蜂巢、捕食狩猎、喂养幼虫的，其过程充满了惊险、睿智和机巧。

### 节腹泥蜂

节腹泥蜂是根据其腹部形态特征而命名的一种捕猎性蜂类，在分类学上属掘地膜翅目昆虫，蜂巢建在泥穴中。它们身体纤巧，动作机敏，性格强悍。九月中下旬是节腹泥蜂们挖地建窝和把喂饲幼虫的猎物埋入窝里的时期，不同种属的节腹泥蜂选择的土地也有所不同。以象虫为食的栎棘节腹泥蜂在略带黏性的松软土地，也可在柔软易碎的沙土中造窝。其造窝的唯一条件是土壤要干燥，一天中大部分时间能照到阳光。所以这种膜翅目昆虫安家之处通常就选择在道路一侧的陡峭坡面，或深压车辙的凹路两壁的向阳一面等。对它们来说只选择陡壁的垂直面还不够，还常常要采取某些预防措施以抵挡雨水的直接侵

捕食吉丁的节腹泥蜂

袭。例如窝上方有某些突起，如檐口状的硬岩片的洞穴，或土壤中自然形成的大如拳头的横向洞穴。它们就在檐口下面的洞穴或在后者直接修筑巷道。天空晴朗、阳光灿烂的初秋，就是去观察这些勤劳的"矿工们"掘地建窝的最佳时节了。节腹泥蜂中有的在已经挖掘成的洞穴深处用大颚耐心地把几粒碍事的砾石拔除，并推到洞口外面去；有的一面用前爪跗骨上锐利的耙子刮着巷道的两壁，一面倒退着把刮下来的泥屑扫到洞外，泥屑就会沿着陡坡侧面，像涓涓细流似的流淌下去。正是这些从建筑中的巷道口一次次排出的细细的泥土流，向人们泄露了节腹泥蜂的踪迹，即这里就是它们的公寓和育儿场所。另外一些"矿工"或者是因为累了，或者艰辛的建筑任务已经完成，正在天然的雨遮下面休息，还眼睛亮亮地不时擦拭着它们的触角和翅膀；有的则一动不动，若有所思地伫立在洞口，光露出它们黄黑相间的方形大脸；还有的低声地嗡嗡轻唤着，在栎树附近的灌木丛上飞来飞去。此时，一直在建造蜂巢的场地附近窥视着的雄蜂便乘机跟随而来，双方飞着飞着很快便结成了一对爱侣。如果这时还有另一只雄蜂跟过来，企图取代这位捷足先登的幸运者，于是一场不可避免的斗殴便发生了。嗡嗡的嘶鸣声变得咄咄逼人，两只雄蜂动起了嘴巴和爪子，互相厮打起来，纠缠着在尘土中打滚，直到其中一只甘拜下风、逃走为止。雌蜂则在不远处若无其事地观战，静静地等待争斗的结局。最后它会接受战斗中有幸胜出的雄蜂，随即这对情侣便飞得无影无踪，藏到灌木丛中欢度良宵了。附带说明的是雄蜂所扮演的角色和作用仅限于此了，它比雌蜂的身材小一半，数目则与雌蜂几乎相近，这与普通蜜蜂的群体大不相同。雄蜂靠花蜜维生，它们从不参加劳动，只在窝的周围游手好闲地转悠和等待，也不参与更为艰苦的、为幼虫供应食物的捕猎工作。

实验昆虫学家观察发现，大多数种类的节腹泥蜂通常没有代代相传的固定住宅。只要土壤适合，流浪的生活把它们带到哪里，它们就在那里居住下来。可是有一种称作栎棘节腹泥蜂的种类却会依恋自己的旧居。它们喜欢生活在前人用过的雨遮下面，在祖先挖过的沙基上挖掘，将先辈留下的工程再继续往纵深处延伸。栎棘节腹泥蜂经过多次挖掘完成的巷道比大拇指还粗，这样狩猎归来的泥蜂即使抱持着比它自身还巨大的猎物也可以活动自如地通过。巷道先是水平的，接着在10~20厘米的深处拐一个弯，便略向下倾斜着时而向左、时而向右地延伸下去，这似乎取决于土壤挖掘的难易程度。这一点很容易就能得到证明，只要看巷道的最深部分蜿蜒曲折、走向无定就可以明白了。巷道的尽头分布着不多的几个蜂房，即育儿场所。每间蜂房里会备有5、6只不等的鞘翅目昆虫作为哺育幼虫的食物。

各种节腹泥蜂的成虫均以花粉、花蜜为食，但会捕猎不同的鞘翅目昆虫作为幼虫的食物。我们说的栎棘节腹泥蜂选来饲育幼虫的猎物是一种身材硕大的象虫科昆虫——小眼方喙象。作为狩猎者的栎棘节腹泥蜂体重在150毫克左右，猎物小眼方喙象的平均体重则达到250毫克，几乎重了一倍。你看！狩猎者用腿脚抱着沉重的猎物，肚子贴着肚子，头靠着头，往它窠巢的洞口飞来了。在离洞口不远处，它憨态可掬地停落下来，不靠翅膀走完余下的路程。这时的雌蜂

小眼方喙象

黄带象虫取食植物的花瓣

用大颚叼着沉重的猎物，在几乎直上直下的斜坡上艰辛地拖行前进。由于坡度太大而经常摔跟斗，狩猎者和猎物会一起翻过来、倒过去地滚到斜坡底下。但这一次次的摔跟斗并不能使这位就要成为妈妈的泥蜂沮丧泄气。历经奋斗，最后它会浑身沾满尘土，带着一刻也没有松开过的战利品钻进窠窝。栎棘节腹泥蜂抱着这么重的猎物爬行，实在十分艰难，但飞起来就很不同了。它的飞行能力着实令人惊叹，这种遒劲有力的小飞虫能够带着身体几乎与它一般大而且比它重近一倍的猎物飞行相当长的距离。

有一次，一位实验昆虫学家作近距离观察时，不慎靠得太近而把它吓着了。泥蜂决定逃走以拯救它那宝贵的战利品，只见它从容而敏捷地用腿抱住野味立刻飞了起来，迅速飞到了观察者所看不见的高处。它的飞行能力真是让人佩服。不过它并不总是能够逃走，有时实验昆虫学家会用一根麦秸撩拨它，把它弄翻，好不容易地使它既没有受到伤害而又放开它的战利品，这时观察者迅速把那个猎物抢了过来。遭到抢劫的节腹泥蜂四处搜寻着，它钻进窝里，很快又出来，然后飞走又去捕猎。不到十分钟，这个机敏的小东西又能找到一个牺牲品。而观察者继续不经允许便把这猎物抢过来据为己有。他这样接连8次对同一只节腹泥蜂进行了同样的扒窃，它则连续8次矢志不渝地重复着劳而无功的远征。最后还是节腹泥蜂的坚韧毅力使观察者失去了耐心，于是第9次的猎物便终于归它所有了。

通过以上办法，并结合闯进已经备好食物的栎棘节腹泥蜂的蜂巢，人们在此获得了大批的象虫科昆虫。从而得知，如果别的节腹泥蜂会捕捉同一类昆虫中的另外一个品种，那么栎棘节腹泥蜂则始终不变地专门捕捉一种昆虫——小眼方喙象。通过大量观察研究后发现，8种以鞘翅目昆虫作为幼虫食物的节腹泥蜂中，7种吃象虫，1种吃吉丁。这些膜翅目昆虫出于何种原因把捕猎对象局限于这么狭窄的范围？它为什么只挑这种食物呢？幼虫难道觉

坚果象鼻虫把喙插进坚果

得这种从不改换花样的野味的汁液更合它们的口味，而在别的昆虫身上根本找不到吗？原因恐怕并不如此简单。要解释它们为什么特别偏执于捕捉这种野味，相信一定会有一种远比单从美食角度的考虑更为重要得多的理由。

人们从地下蜂房挖出来的和直接从狩猎者手上抢得的象虫们，虽然都是永远地一动不动，但全部保存得十分完好。颜色鲜活，体膜及大小关节都很柔软，内脏状况正常，即使在放大镜下也看不出哪怕一点点的损伤。这一切会使人们怀疑，眼前这个虽然不会动弹、却又生机盎然的躯体，真的是一具尸体？人们会情不自禁地以为，这种昆虫随时都可能会爬动起来。一般来说，在炎热干燥时，死了的昆虫几个小时后就会被烤干；在温暖而又潮湿时，它们很快就腐烂发霉。但把节腹泥蜂捕捉的象虫和吉丁在玻璃杯或纸口袋里存放一个多月后，它们的内脏丝毫没有失去新鲜，解剖起来就跟在活的昆虫身上进行解剖一样。面对这样一些事实，我们不能相信这些昆虫真的已经死去，只是依靠防腐剂的作

生活在雨林中的有须象鼻虫

采集花粉和花蜜的泥蜂

用保持着新鲜，我们感到生命还存在于它们身上。这是一种潜伏着的、消极的生命，这是植物性的生命，类似于人类中"植物人"那样的生命。因为这种生命的生存状态，它们的机体才能在一段时间内成功地抵抗微生物的酵解和组织自溶等生物化学力量的破坏，从而保持机体不致腐败。就像被使用了麻醉剂那样，昆虫除了不会自主运动以外，植物性生命还存在于它们的躯体中。这就在我们眼前出现了一个奇迹，由神经系统本身固有的神秘法则所造成的奇迹。

这些昆虫的植物性生命的功能，显然因为受到扰乱而不断减缓，但仍然暗暗地发挥着作用。它们肯定还有呼吸和循环的功能，消化道仍在缓慢地蠕动，明显的证据便是象虫虽然再也不会醒来，但沉睡的第一个星期，具有正常而间歇地排便行为。尸体解剖证实，直到肠里什么东西都没有了，排便才会终止。这些象虫在实验条件下还可能显示出某些不同形式的生命微光。

例如在小玻璃罐里装些滴有几滴化学试剂苯的木屑，把以上那些刚从节腹泥蜂蜂房里得到的、一动不动的象虫放进瓶里。经过十几分钟之后，它们的腿部远端开始有些动弹，让人感到它们似乎就要起死回生了。当然这只不过是幻想，腿部远端的活动只是昆虫行将消失的、感受化学刺激的反应能力在回光返照而已，所以一会儿以后就停止了，而且无法再次被激活起来。重复研究的结果表明，试验的对象从被捕获数小时到4天之久的象虫，试验都可取得成功。但昆虫被害的时间越久，则需经历刺激的时间越长，方能表现出这些动作。这些动作总是先从象虫的前部开始，先是触角慢慢摆动几下，然后是第一对跗骨开始颤抖地摆动，接着才是第二对、第三对跗骨随之摆动起来。跗骨一旦开始摆动，其附属部分便也随之无序地摆动着，直至突如其来地又全部恢复不动。跗骨的摆动通常不会引起腿本身的活动，除非凶杀事件刚刚发生不久。

昆虫被害10天之后，使用上述方法便不能激起象虫哪怕是一丁点儿的反应，此时可以求助于电流。使用电流刺激的方法显得更为有力，因为它能引起肌肉的收缩，所以苯蒸气无法激活的部位也能在电流的刺激下活动起来。将接通低压直流电的两根尖针，一根置于昆虫腹部最后一个体节处，另一根置于颈下。电流一通，昆虫在跗骨颤抖摆动的同时，所有的爪都弯曲而收缩到腹下，断电后各爪又会放松而伸展。开始的几天这些动作非常迅速有力，随后其强度逐渐减弱，经过一段时间以后便不再有反应了。受害后的第10天还能有明显的动作，到第15天，尽管昆虫的体膜依然保持柔软，内脏状况仍还新鲜，但此时电流已不能激起它的动作了。与此同时，曾利用同样的电流刺激其他一些鞘翅目昆虫，如被苯蒸气或二氧化硫所窒息的琵琶甲、楔天牛、青杨黑天牛等，对观察到的两者反应进行了比较。在窒息而死后2小时之内就不能激起这些死昆虫的反应；而象虫在被它们可怕的敌人置于这种半生不死的状态下已经好几天之后，却还可以容易地产生反应、动作起来。

据此，显然无法相信那些一动不动的小眼方喙象只是靠某种化学防腐剂的保护而避免了腐烂的一具真正的尸体。事件应该这样来解释：昆虫主宰运动的中枢受到了某种伤害而令机体不再能活动，在它突然被麻醉后的反应能力缓慢消亡的过程中，原本比较顽强的植物性功能的消失速度相对滞后，所以能在一段时间之内继续维持其代谢活动，从而使它的内脏和机体组织保持完好无损。这样的一具

"植物性昆虫"可以保证寄生蜂的幼虫在一定时间内的享用。

为此，我们有必要研究该种凶杀发生的过程和方式。要弄明白的关键问题是象虫的浑身上下都披挂着坚硬的"甲胄"，"甲胄"的连接部分又都拼合得天衣无缝，在此种情况下节腹泥蜂又是怎样运用它的螫针发起攻击的呢？因为人们在一只只被螫刺过的象虫身上，即使用放大镜也丝毫看不出被谋杀的痕迹！

为了弄清这个问题，科学家们曾经费了一番周折。起初，人们希望能当个现场的目击者，直接观察狩猎者如何对猎物发起攻击，以获得科学观察的第一手资料。后来又想亲自抓些充当猎物的象虫，送上门贡献给节腹泥蜂，请后者当场献艺，表演对象虫的捕杀技艺。但最后这些设想均流于不切实际，所有计划均不能实现。有一次，人们甚至把一只节腹泥蜂和一只小眼方喙象关进了同一个玻璃瓶子里，并且晃了几下瓶子来刺激它们，以期观看它们二位演一出"追捕"的好戏，看看泥蜂会怎样动用它的螫针。不料膜翅目昆虫本性机敏，比另一个粗胖笨拙的家伙更易受刺激，它首先想到的不是进攻而是逃走。两者的角色甚至颠倒了过来，一时间象虫成了进攻者，用它的吻管抓住死敌的一条腿，节腹泥蜂则根本不打算自卫，拼命地挣扎逃走，因为它太害怕了。这令观察者束手无策。

## 聪明的设计　成功的观察

遇到的种种困难与挫折终于使研究者想出了一个聪明的设计，并且获得了成功。节腹泥蜂每次狩猎归来，都会落在离洞口不远处的斜坡上，然后千辛万苦地把猎物拖进洞去。就在此时，观察者灵巧地用镊子夹住受害者的一条腿，把它从泥蜂的怀抱里拽了出来，同时立即扔给它一只活的象虫。这一方法成功了！泥蜂一感到猎物竟然从肚子底下溜走不见了，大吃一惊。它生气地用脚爪跺着地，随即转过身来发现了取代原来猎物的那只象虫，便急不可耐地扑过去用脚搂住，企图把它带走，但它很快发现这只猎物是活跃的，能自由挣扎。于是便上演了一场拿手好戏，这场戏就像闪电一现那样，刚开始就结束了。凶手动作之准确利索、速度之快疾令人叹为观止。只见这只膜翅目昆虫同它的牺牲品面对面地抱在一起，以其强有力的大颚夹持住象虫的吻管。就在后者被迫挺直身子的当口，节腹泥蜂已经熟练地将前爪压住它的背部猛一使劲儿，象虫的腹部被迫向前凸出，这里的关节也随之微微张开。说时迟，那时快，只见泥蜂那已弯起的尾部迅速滑到了方喙象的肚子底下，并弓起身子，用带毒的螫针在象虫第一对和第二对步足之间的前胸关节处，狠狠地蜇刺了两三下。一刹那间，好戏收场，大功也即告成。观众们则心惊肉跳、目瞪口呆。这个牺牲品既没有丝毫抽搐，四肢也没有踢蹬，而这些是一个动物临死之前一定会有的挣扎。现在它却像遭天火雷殛般地永远一动不动了。随后掠夺者便把猎物翻转成背部着地，自己跨身与它肚子贴着肚子，用腿紧紧搂抱住猎物展翅飞走了。这样的试验曾重复过数次，虽然演员换了，但每次演习的情况都完全一样。

研究人员使用上述方法，每次都把节腹泥蜂的猎物再返还给它，并把自己一方提供的象虫取回来，以便从容不迫地进行仔细检查。检查中发现蜇刺过的地方根本看不出哪怕是极其微小的伤痕，甚至连一丁点儿血液也未看到。令人惊奇的是这几只在人们眼皮底下被动了手术的象虫，不论是用镊子夹或戳，它对这类刺激都没有反应的迹象，必须用前述的苯蒸气、电流等手段才能激起反射性地回应。我们知道，这些粗壮的方喙象如果被用一根大头针钉在那收集昆虫标本的软木板上时，它可能会挣扎、动弹几天，甚至几个星期哩！可只是现在被泥蜂这样轻轻一蜇，在被注入了一小滴连看都看不见的毒汁的当儿，便立即一动都不会动了。这里究竟发生了什么事呢？节腹泥蜂能制造出毒性如此强烈的化学药剂吗？为了弄清这些近于不可思议的事实，弄清楚这些象虫们竟会如此迅速、轻易、干净利索地"死去"，我们恐怕不光要从毒理学的角度，而且还要更多地结合生理学和解剖学等方面的知识来寻找其科学根据。

截至目前，我们已经知道的主要是这样的事实：节腹泥蜂的蜂房里储存了足够数量的猎物，可以解决产卵的场所及满足孵出的幼虫食用所需；节腹泥蜂暴露了它狩猎时螫针的刺入点，这揭示了它的某种秘密。这两个存在的事实又都揭示了各自需要阐释的问题，两个问题之间也具有因果的关系。

## 幼虫所需的食物

人类解决食物问题的方法包括开发生产及适当的保存，节腹泥蜂为幼虫准备食物原则上也不外乎如此，只是根据其生存的条件而有了某些具体的要求。幼虫喜爱肉食，所以妈妈为它们辛劳地狩猎；幼虫需要始终食用新鲜的食物，所以这些猎物必须自然地保鲜数星期。第二个问题的解决实质上就蕴含着对第一个问题提出的要求，也就是说在解决第一个问题的时候就需要考虑到为解决第二个问题准备好条件。说白了就是在狩猎之际为幼虫所准备下的，就应是能自行保鲜数周的猎物。

上述前提决定了猎物必须首尾完整，而不能缺胳膊少腿，更别说遍体鳞伤、支离破碎了。可以说膜翅目昆虫的幼虫对食物很是挑剔，不光是要完好无损，而且必须保持原有的外形和颜色，体膜完整，呈现昆虫的鲜活姿态。试想一下，泥蜂不仅要干净利落地杀死一只昆虫，而且又要使猎物看不出被杀死了的样子，这显然不是轻易能办到的事。我们踩死一只昆虫并不难，但要令其没有任何破相而又能即刻杀死，那该怎样才办得到呢？只有实验昆虫学家才会想到采用麻醉的手段。

膜翅目昆虫的幼虫既不能以尸体作为日常的饭食，因为尸体数小时后就会腐败变质；又不能以活的昆虫为食，因为娇嫩的幼虫显然没法存活在活蹦乱跳的食物中间。至于极为孱弱的幼虫，轻轻一碰就可招致死亡的小虫，如果它们整整几个星期都处在那些舞动着装备着"铁刺"的长腿的鞘翅目昆虫中间的话，其结果之凶险更是可想而知！膜翅目幼虫理想的食物就是如死了一般毫不动弹、却又有着鲜活内脏的、活着的昆虫，二者之间的矛盾似乎无法解决。人们即使拥有广泛的知识，包括优秀的实验昆虫学家在内，也会承认无法办到，然而节腹泥蜂幼虫的食品柜却证明了这一切都不在话下。

### 睿智而巧妙的手术

节腹泥蜂的食橱真实地使以上两个矛盾的命题实现了统一，亦即在现实中使它们娇嫩的幼虫能够安全地享用既新鲜美味、又可任凭咬噬的鞘翅目昆虫。即使让当代昆虫学家们来讨论这一问题的解决方案，恐怕从理论上也只能归结到一点，必须将昆虫麻醉！其实施办法只有一个：在巧妙选定的某个（或某些）部位实施损伤、切断，破坏昆虫的神经枢纽。

我们来看看节腹泥蜂是如何睿智地进行实地操作的。现代科学揭示了昆虫的神经系统的分布。与脊髓动物相比，昆虫是一个翻转过来的动物，也就是说它的脊髓①不是在背面，而是位于腹面沿着中线排列，所以应在腹侧一面对要加以麻醉的昆虫实施手术。确定了手术部位之后，又出现了另一个困难，狩猎的膜翅目昆虫不具备无坚不摧的锐利"解剖刀"，它只有相对纤弱的螯针，而它的猎物则是一只全身披挂着坚固"甲胄"的鞘翅目昆虫，角质的"甲胄"可以抵挡住螯针的蜇刺。那个纤弱的工具只能刺进某几个特定的部位，即某些只靠一层没有抵抗力的薄膜保护着的关节处。另一些肢体的关节虽然也可以刺得进去，但它完全不符合捕捉的要求。因为即使蜇到了这些部位，顶多只能引起昆虫局部肢体的功能丧失，而不是全身运动功能的完全瘫痪。对于膜翅目昆虫而言，最好在仅需蜇一下的情况下就能让对方丧失全部活动能力，而不必经历长久的争斗，因为长时间地争斗必将对自身造成致命危害。膜翅目昆虫也不希望蜇刺很多次，因为蜇的次数多了，很难保证受刑者的性命。它一定要把螯针刺到猎物运动功能的枢纽——神经中枢，神经就是从该处分布到运动器官的。这些枢纽就是神经形成的核或神经节，它们在昆虫腹部中线上排成一条彼此间隔不等的念珠串，由神经髓质串连起来。我们知道在所有发育完全的昆虫身上，由胸部神经节向翅膀和腿提供神经并支配其运动。目前已知胸部神经节有3个，如果采取某种方式毁坏了这些节点，昆虫的运动功能也就被摧毁了。膜翅目昆

---

注①："脊髓"一词在此只是一个借用的概念，系指位于昆虫腹中线上以神经纤维联系数个神经节所形成的神经链索。就其某些功能而言，在一定程度上可与高等动物的脊髓相比。

虫的螫针能蜇入的只有2处：一处是颈与前胸之间的关节；另一处是前胸和中后胸之间的关节，也即第一对腿根和第二对腿根之间的关节部。颈关节处不合适，它离腿部运动神经中枢太远；要打击的是另一处，也只能是另一处。高明的实验昆虫学家是这样分析的，膜翅目昆虫也是这么蜇刺的。双方都指向了这个特别之处，即腹部中线上第一对和第二对腿的根部之间。昆虫的本能受到了大自然最高明的智慧的启发。

此处还有一点应该说清楚，即前面提到的发育完全的昆虫由3个胸部神经节支配其身体的运动功能。在多数昆虫身上，这3处中心都在腹中线上、由前向后间隔地排列开，它们各自具有独立的功能。所以当某个中心受到损毁时，其即时效果只会引起与其相应的肢体发生瘫痪而并不直接影响其余神经节，即不影响由这些神经节所支配的肢体。膜翅目昆虫要想通过螫针刺入第一对腿根部和第二对腿根部之间的关节，从而一个接一个地连续攻击那些越来越往后的、间隔分布的3个运动中枢，这在理论上是办不到的，因为螫针太短了。但我们注意到了一个情况，在某些种属的昆虫身上，3个胸神经节彼此非常靠近，有些鞘翅目昆虫的后2个胸神经节完全联结、粘连、融合在一起。随着这些神经节趋于更加集中，激发运动的功能也变得更为完善，然而也就因此更易遭到攻击。这些种属的昆虫正是节腹泥蜂所需要捕捉的猎物。这些鞘翅目昆虫的运动中枢接近在一起、甚至联合成一团，彼此融合不可分辨，只要被刺上一针就立即全部瘫痪了；或者即使需要多刺几下，那些被刺的神经节也都就近聚集在螫针的针尖下面。

随之而来的一个问题便是那些一经攻击便招致瘫痪的鞘翅目昆虫有哪些呢？这显然可以到研究鞘翅目昆虫神经系统的研究报告和著作中去寻找。我们发现神经器官以这种方式集中分布的昆虫，最典型的首推金龟子类。但是大多数的金龟子个体相对巨大，节腹泥蜂也许无法攻击到它们，而且也搬不动；此外，许多金龟子生活在粪便里，而膜翅目昆虫却喜爱清洁，是不会到粪便中去找金龟子的。在众多的鞘翅目昆虫中，最适于被节腹泥蜂劫掠的似乎只有两类：象虫和吉丁，这两种昆虫完全符合被捕捉的条件。这两类鞘翅目昆虫都生活在远离恶臭和污秽的地方，种类繁多，形态各异，身形也和掠夺者相差无几，可供掠夺者随意挑选。比起其他鞘翅目昆虫，它们支配腿和翅膀的几个神经中枢全都挤在一起，容易被一击而中，节腹泥蜂可以万无一失地刺进去。在那同一个部位上，吉丁的第二和第三个胸神经节混成了一团，而且与第一个神经节也相距很近。已经证实有8种不同种属的节腹泥蜂绝不捕捉别种野味，它们只捕猎吉丁和象虫！这表明，机体内部结构上的某些相似，即神经器官集中在一起，可导致不同的昆虫遭到同一种狩猎者的劫杀。这就是各种节腹泥蜂的蜂房里堆放着外表上毫无相似之处的多种牺牲品的真正原因。

## 飞蝗泥蜂

并非所有的泥蜂都选择以"顶盔挂甲"的鞘翅目昆虫作为捕猎对象。如果有的猎物不带硬壳，而是一种软皮的昆虫，在与泥蜂搏斗时无论被刺中什么部位都无所谓，是一种所谓赖里巴叽的昆虫，那么泥蜂在蜇刺过程中是否还会有什么选择呢？通常凶手们在杀害猎物时会选择直刺心脏，或撕咬颈动脉，这都是为了缩短受害者的反抗时间。那么这些攻击者是否也会采取节腹泥蜂的战术，宁愿刺伤对手的运动神经中枢呢？如果狩猎者对猎物采取了这种战术，而被伤害方的几个神经节又彼此不在一起，各自独立地发挥作用，当一个神经节受到损伤了，其他神经节却并未损伤，情况又会怎样呢？有一种喜欢捕捉蟋蟀的泥蜂，称为黄翅飞蝗泥蜂，它的故事将会回答我们的问题。

黄翅飞蝗泥蜂以直翅目昆虫飞蝗为猎物。在缺少飞蝗的地区，它们则很乐意狩猎更为肥嫩美味的、同为直翅目昆虫的蟋蟀作为幼虫的肉食。七月下旬的最后几天，黄翅飞蝗泥蜂才从地下飞出来。整个八月，它们兴高采烈地在火辣辣的阳光下飞来飞去。强壮的罗兰蓟在骄阳下昂首挺立着，飞蝗泥蜂们在这些带刺茎的枝梢贪恋地吸食着蜜汁和花粉。但是这种无忧无虑的生活非常短暂，一到九月它们就要从事挖掘和狩猎的艰巨劳动。飞蝗泥蜂把窝建在道路两侧

吉丁的腹面

的边坡上，建窝地点的条件是易于挖掘的沙土和充足的阳光。它们会挖一个地道，门口则是水平的门厅。天气不好时，它就躲在门厅里，夜间也在这里藏身。白天有时在此小憩，从洞口露出它那富有表情的面孔和肆无忌惮的大眼睛。过了门厅便是一个转弯，缓缓往下延伸，其尽头是一个椭圆形的蜂房，靠一个仅够狩猎者带着猎物通行的狭窄入口与过道相通。洞一挖好，飞蝗泥蜂就开始捕猎。在第一个蜂房备足食物产下卵后，便封住入口，但并不抛弃这个窝。它在第一个蜂房旁挖了第二个，同样地存放食物、产卵、封口；再挖第三个，有时还有第四个。到了这个时候，

飞蝗泥蜂再把所有堆在门口的残屑搬回洞里，把洞外的痕迹全部清除掉。根据解剖得知，它的产卵总数为30个，这样它就需要建10个蜂窝。它的筑窝工程需要在九月份完成，所以每建一个蜂窝以及准备食物的时间，最多只有两到三天，的确是分秒必争，十分辛苦。

现在，一只嗡嗡叫的飞蝗泥蜂狩猎归来了，停在离家一沟之隔的灌木丛上，大颚咬着一只胖乎乎的、比它重了几倍的蟋蟀的触须。它已被重物累得筋疲力尽，休息一小会儿后，又用腿脚抱住俘虏用力一跃，飞过窝门前的沟壑，沉重地停落在了那个正在进行观察的实验昆虫学家的面前。余下的一小段路程是靠徒步完成的，虽然那个正在观察的人依然坐在那里，这只膜翅目昆虫却根本没有把他放在眼里。它只顾骑跨在猎物身上，用大颚叼住猎物触须，自豪地昂首迈步向前。经过一番苦斗，蟋蟀终于被它拖到了目的地，它的触须刚好够到蜂巢的洞口。这时飞蝗泥蜂放下猎物，自己迅速下到洞底。几秒钟后它又出现了，头伸出洞外发出一声愉快的喊叫。脚下就是蟋蟀的触须，它一把抓住，于是猎物很快就落到了巢穴的深处。

黄翅飞蝗泥蜂把蟋蟀运进巢穴之前，为什么要采取如此复杂的作业呢？已

知其他许多种膜翅目捕猎者在这
种场合下都并不作任何表白，只
是一面叼着，同时用中间两条腿
把猎物抱在腹下，径直地拖到洞
穴深处去了。蟋蟀的捕猎者飞蝗
泥蜂在把猎物运进窝之前，为什
么非要先把住所检查一番呢？难
道说在带着累赘下洞之前，黄翅

弥寄蝇和中带弥寄蝇

飞蝗泥蜂认为应当谨慎一些，有必要先对住宅检查一番，那里是否一切正常，以
便把趁它不在家之际钻进来的某种厚颜无耻的寄生虫赶走吗？那么谁是这种寄生
虫呢？它们主要是各种巧取豪夺的双翅目小飞虫，尤其是弥寄蝇。弥寄蝇总是守
在膜翅目捕猎者的门口，窥视着有利时机，好把自己的卵产在别人的猎物身上，
但它们通常并不敢直接闯入别人家黑暗的洞穴里去。对黄翅飞蝗泥蜂而言，如果
事先下到窝里看看是绝对必要的，那么肯定有某种莫大的危险在威胁着它，但是
我们迄今还难以说明那危险究竟是什么。昆虫的本能有着千百种的表现形式，在
此，人类尚不能了解黄翅飞蝗泥蜂的智慧。

## 妙手空空儿的短剑三击

为了观察黄翅飞蝗泥蜂在捕杀蟋蟀时所用的最高明的手段，我们研究节腹
泥蜂时采用过的方法是最行之有效的，那就是先巧妙地把猎手手中的猎物取走，
然后立即用另一只活的来代替。前面我们已经看到黄翅飞蝗泥蜂通常在进洞之前
先把俘虏扔下来，独自走到洞穴中一会儿，这样就给了我们一个机会，更容易搞
偷梁换柱的勾当了。加之黄翅飞蝗泥蜂比较胆大妄为，往往敢于爬到人类的手指
边、甚至手上，来抓那只用来代替原来猎物的另一只蟋蟀。这样，实验结果更接
近真实，我们可以非常逼近地观察这个悲惨杀戮事件的全部细节。

眼看着一个猎手捕猎归来，照例把蟋蟀搁在住所门口，自顾进洞去了。

我们迅速取走了这只，并立即将事先准备好的另一只蟋蟀放在门外稍远处。猎手从洞里出来，瞭望一下并立即过去抓那只放得较远的蟋蟀。睁大眼睛仔细瞧吧！千万别错过这幕难得一见的角斗啊！蟋蟀正惊慌失措地拼命逃窜，飞蝗泥蜂则向它猛扑过去，彼此打成一团。两个决斗者轮番地占着上风，胜负难分，尘土飞扬。但不久之后蟋蟀被打得肚子朝天躺在当地，只有脚爪仍在胡乱踢蹬，大颚无目标地向空中乱咬着，猎手终于赢了。

现在，猎手开始着手处置它的战利品了。它反方向趴在俘虏的肚子上，大颚咬着蟋蟀腹部末端的一块肉，用前足制止住蟋蟀粗壮后腿的疯狂挣扎，同时用中间的一对步足勒住战败者抽动着的肋部，有力的后足像两根杠杆似的蹬在蟋蟀的脸上、使劲向后掀，这使得后者脖子上的关节张得大大地、无法动弹。就见飞蝗泥蜂的腹部已弯成九十度，呈现在蟋蟀大颚上空的是一个咬不到的凹面。此刻我们激动地看到真正的谋杀开始了。说时迟，那时快，飞蝗泥蜂的螫针第一下刺在被害者脖子里，第二下刺在胸部前两节的关节间，然后又在腹部刺了一下。动作迅速，干净利落，凶杀大业宣告完成。飞蝗泥蜂松一口气，就准备把牺牲品运到住所中去，而此时蟋蟀的腿脚还未完全停止颤抖。

黄翅飞蝗泥蜂这一捕猎过程，妙手空空儿①式的短剑三击，令人叹为观止。这种战术如果跟节腹泥蜂的狩猎过程比较一下，就可发现有些情节上的区别。节腹泥蜂攻击的对手几乎没有任何攻击性武器，猎物既无法进攻，也根本没有能力逃逸，唯一求生的可能性就在于身披坚甲。然而，行凶者却深谙坚甲的弱点，从而得以执行它攻其一点、殃及其余的战术。可是飞蝗泥蜂的猎物不但有可怕的大颚（狩猎者如果被这大颚咬着，立刻会被开膛破肚），并且长着两排携带锐利锯齿且又强劲有力的双腿，这双大腿可以使自己蹦得远远的以甩开敌人，或者踢蹬敌人，狠狠地把对手打翻和致伤。所以在前述惊心动魄的一幕中，我们看到飞蝗泥蜂在动用其螫针之前，曾经采取了一系列小心的预防措施。首先设法把被害者打翻，使之仰天而躺，无法利用后腿的弹跳逃之夭夭；

---

注①：《隋唐传奇故事》中著名游侠，与聂隐、红线等齐名。据说剑技超绝，每击必中。

其次蟋蟀那带锯齿的大腿被飞蝗泥蜂的前足死死地压住，不能发挥其进攻性武器的作用；再次其大颚被飞蝗泥蜂的后腿顶得直往后仰，虽然咄咄逼人、张得大大的，却咬不着敌人的任何部位。但这还不够，对于黄翅飞蝗泥蜂来说，这一切尚不足以使猎物无法伤害自己，它还需要紧紧地勒住蟋蟀，使之丝毫不能动弹，以便螯针能把毒汁注入刺入的部位。也许正是为了使其腹部不能随意摆动，黄翅飞蝗泥蜂才动嘴咬住了猎物腹部末端的一块肉。就算我们充分发挥想象力，运用一切现代的科学知识来拟定进攻计划，也难以找到比这更好的办法了。说起来真是太奇妙了，即使古罗马的角斗士与对手在角斗场上肉搏时，也未必就能使用比这更巧妙的、经过精心计划的手段吧！这不就是一套以己之长、制敌之短的战术方案吗？

节腹泥蜂把螯针刺向象虫的胸部神经中枢，只在一击之下就使猎物永远瘫痪。但假如我们解剖一只蟋蟀来看看，就会发现蟋蟀的三个运动神经中枢的分布彼此相隔较远。黄翅飞蝗泥蜂早在若干万年前就发现了这一秘密，所以在捕猎蟋蟀的时候黄翅飞蝗泥蜂才会使用螯针连续刺击三下。

被飞蝗泥蜂捕获的蟋蟀也和被节腹泥蜂所刺伤的象虫一样，并未真正死亡，只是表面看来如此而已。此时，牺牲者外皮柔软，忠实地反映出在其内部新陈代谢仍继续存在，生命并未离其而去。如果我们在凶杀事件后对一只仰卧的蟋蟀持续地观察一星期、半个月或更久的时间就能发现：它的腹部经过较长间歇后会有深深的搏动，往往还能看到触须的颤抖，以及触角和腹肌的某种明显的运动。这种被刺伤的蟋蟀可以完全保持新鲜地存放一个半月之久。黄翅飞蝗泥蜂的幼虫在把自己封进蛹茧之前所需进食的时间顶多持续半个月，所以直至它们宴会结束，始终都有新鲜的肉食供应。

捕猎工作结束之时，每个蜂房备有3、4只蟋蟀作为幼虫的食物。它们被有条不紊地码放着，背部朝下，头靠在蜂房尽头，尾冲门口。一粒虫卵就产在其中一只蟋蟀的胸前。昆虫妈妈最后的工作是挑选沙砾、土粒、碎枝枯叶等材料把洞口封住。任务完成得既认真、又顺利，不一会儿，地下巢穴的外部痕迹便全都消失了。如果不是仔细的用个标志作为记号，人类的眼睛即使再注意搜索，也不可能找到这个地下住所的位置。封好这个洞口之后，再挖另一个，放上食物、产上卵，再把它封好。昆虫的输卵管里有多少卵、就做多少次。产卵结束之后，飞蝗泥蜂也就停止了狩猎活动，又开始了它那无忧无虑、四处游逛的生活，直到秋去冬来，第一场寒潮结束了这个强悍机灵且又快乐充实的生命。

## 膜翅目昆虫的螫针

黄翅飞蝗泥蜂不无传奇色彩的育雏任务终于告一段落。兴之所至，我们不妨顺便了解一下在狩猎中作用如此重大的武器——黄翅飞蝗泥蜂的螫针，并将之与膜翅目的其他同类进行比较。用来制造有毒汁液的器官由两根在末梢处分成许多细枝的管子组成，最后都通到位于尾部的一个共用贮液库，或者说汇总到一个贮毒囊里。由贮毒囊中伸出来一根纤细的管子，深入到螫针的轴线中，从而将毒液沿此送往螫针末梢开口处。螫针颇细，相对黄翅飞蝗泥蜂的身材，尤其是它蜇刺蟋蟀所产生的效果来看，螫针竟如此纤细，颇有点出人意料。针尖非常光滑，完全不像蜜蜂螫针上有个朝后长的倒钩。蜜蜂使用螫针主要是为了报复所受到的侮辱和无理的羁绊，但蜜蜂飞走时，螫针的倒钩会钩住蜇入处而拔不出来，结果使蜇针连同毒腺一起留在了敌人的伤口里。如果飞蝗泥蜂在第一次出征时就损失了它的武器，那么以后怎么办呢？！它使用螫针的目的很功利、很实际、也很神圣，是为了猎取幼虫的食粮。对飞蝗泥蜂而言，螫针不是一个炫耀力量、保卫尊严、快意恩仇的手段。为了复仇拔出短剑，固然最是快意不过的，但其代价太过昂贵。黄翅飞蝗泥蜂的螫针是一个工具，它决定着幼虫的未来，也就关系到种族的延续，所以在和抓住的猎物搏斗时应当得心应手，既能疾速地刺入对手体内，又能麻利地抽出以便再次击刺。显然，平滑锐利的刀刃比有倒钩的刀刃更符合要求。

还有一点值得说明的是：某些身具螫针、纯粹用于自卫的膜翅目昆虫，例如胡蜂会很猛烈地扑向扰乱其住所或攻击其个体的胆大妄为者，给对手的鲁莽

泥蜂在运输猎物

行为以严惩，即使面对比它强大有力得多的敌人也不在话下。相反，那些螫针只用于狩猎的膜翅目昆虫们，则性情十分平和，仿佛它们意识到自己毒囊里的毒液对子女所具有的重要性。这毒液是种族延续的佑护者，是为子女们谋生的工具，为此，它们只是在狩猎这样庄严的场合才十分节约地使用，而绝不奢侈地用作炫耀自己敢于报复的勇气。因此每当我们置身于各种黄翅飞蝗泥蜂部落之中，破坏它们的窝巢，抢走它们的幼虫和食物时，从来就没有遭到过它们主动的攻击螫刺。

## 黄翅飞蝗泥蜂的幼虫和蛹

　　黄翅飞蝗泥蜂那圆柱形的卵总是产在所备蟋蟀的胸膛上，横着放置在第一对和第二对腿根部之间。既然我们从来都没有发现过卵的附着点有什么变化，昆虫妈妈所选择的部位想必对幼虫的安全成长有着极其重要的作用。让我们继续进行观察吧！

　　在孕育万物的阳光的温热作用下，卵产下来三天后就孵化了。一层极精致的卵膜裂了开来，于是看到了一只浑身透明的、孱弱的小虫子，前部像被勒紧而显得稍细，后部却像胀起般略显粗大，身体两侧各有一道白色的狭窄细带，这是幼虫的呼吸器官——支气管。这只孱弱的小生命横躺在原来卵所附着的位置，它的头部搁在卵的前端曾经被固定的地方。由于小生命通体透明，我们可以看出小虫体内有快速的起伏运动，这是一种有规律地、一波接着一波的蠕动波。原来这是幼虫的消化道在起伏地运动，因为它的口器已经在大口大口地吸吮着猎物身体内的汁液。

此刻，只见猎物一动不动地仰卧着，任凭幼虫大口地吸吮。如果幼虫被从它汲取生命源泉的部位挪开，它就完蛋了；如果它滑落下来，它也没命了。因为它虚弱无力、无法行动，又怎能再回到吸吮汁液的地方呢？那只蟋蟀只要随便动一下就足以抖落掉这个吸吮它内脏的幼虫。可是这个庞然大物却听之任之，连一点儿表示抗议的颤动都没有。我们当然明白，这是因为它受到了昆虫妈妈螫针注入的毒液的麻醉。但此时距离它被蜇刺的时间并不长，麻醉的程度还不那么深，那些未曾被螫针刺到的部位还多多少少保留有一些活动和感觉的

一只黄胡蜂飞回它的巢穴

功能，时不时可看到蟋蟀的腹部微微颤动，大颚轻轻张合，触须也有些摇摆。如果幼虫此时咬到这样一处还有感觉的部位，咬到大颚的旁边，或者甚至咬在肉更嫩、汁更鲜、似乎应当最先给虚弱的幼虫吃的肚子上的话，会发生什么事呢？蟋蟀一旦被咬在致命的地方，至少它们会皮肤有点儿颤抖吧！可即使是轻微的颤抖也足以摔掉这个孱弱的幼虫，幼虫也就必死无疑了，因为它就处在大颚——这可怕的钳子下面啊！况且只要它一旦滑落下去，就再也不可能回到它原先的吸吮之处了。

牺牲者的身体上有一个部位对幼虫是没有危险的，那就是昆虫妈妈曾经蜇刺过的胸部。实验人员发现在猎物身上这个被蜇刺过的部位可以用针尖随意搜寻、到处戳洞，而受刑者却没有丝毫疼痛的表示。所以，产卵的地方永远是在这儿，幼虫总是从这儿开始享用它的猎物。在这儿，蟋蟀被噬咬而不感到痛，因而一直一动不动。以后当噬咬扩展到敏感的部位时，它在可能的范围内挣扎着，但已经为时太晚了。因为麻醉的作用随着时间的推移而加深了，更重要的是敌人也已增长了力气。不几天，年轻的幼虫已经在受刑者的胸膛上挖了一个足以钻进半个身子去的洞。这时我们可以看到活活被噬咬的蟋蟀无奈地摇晃着触须，抽动着腹部的肌肉，徒劳地张开和合拢着大颚，甚至痛苦地动动某只脚，可是敌人却安全地掏空它的内脏而不用受到任何惩罚，对于这只瘫痪了的蟋蟀来说，这是个多么可怕的噩梦啊！

经过六七天，第一份口粮就吃完了，只剩下几乎原封不动的骨架。这时幼虫身长已经有12毫米，它从当初在胸膛上掏挖的窟窿里钻了出来。就在钻出来的过程中它蜕了一次皮，这蜕下的皮往往就搁在钻出来的洞口上。蜕皮后的幼虫稍事休息，然后开始吃第二份口粮。现在的幼虫已是身强力壮，根本不再怕蟋蟀那软弱无力的动作了。蟋蟀所受的麻醉也是与日俱增，此时连最后一点儿反抗的能力也逐渐消失了。幼虫可以不必采取任何预防措施便可向其发起攻击，往往直接就从肚子开始，因为那儿肉嫩，而且汁液丰富。然后很快便轮到第三只蟋蟀，最后是第四只。这第四只，12个小时就能被泥蜂吃光了。这后面的三只猎物只剩下啃不动的外皮，而且连外皮也被一块块地咬得支离破碎，能吃的部分都已掏挖殆尽。如果这时再给它第五只蟋蟀，幼虫会不屑一顾，连碰都不碰一下。显然并非它开始节食了，而是因为迄今为止，幼虫还没有排过一次便，它的肠内装了4只蟋蟀，腹胀欲裂，已是非要排泄不可了。

它的宴会不间断地延续了10～12天，此刻幼虫身长15～30毫米，身子最宽的部位5～6毫米，身体形状是后部略宽，逐渐往前收缩，膜翅目昆虫的幼虫一般均为这个模样。幼虫的身体包括头部共分为14节，头很小，大颚软弱无力，给人们的印象是这样的大颚几乎无法完成咬食4只猎物的任务。

吃完最后一只蟋蟀，幼虫便要开始忙着织茧了，并需要在48小时之内大功告成。从此这位"纺织工人"就把自己关进了自己织成的隐蔽所内，安全地陷入一种深深的、麻木不仁的状态，这种非睡非醒的状态会持续十个月之久。当它最后从茧里出来时，已是脱胎换骨，成为新一代的黄翅飞蝗泥蜂了。

第二年七月末的某个早晨，最终发育完全的美丽的新一代黄翅飞蝗泥蜂出现在光天化日之下，一点也没有被它所根本不习惯的光线照得眼花缭乱。它勇敢地沐浴着阳光，梳弄一下触角和翅膀，用细长的腿摩挲摩挲腹部，像猫咪那样用沾着口水的前跗节洗洗眼睛。梳洗完毕便高高兴兴地飞走了，它将像自己的前辈那样忙忙碌碌地生活两个多月！

啊！我那美丽而机敏的小生灵们，你们飞走吧！但要小心那修女螳螂，它正在矢车菊开花的枝头打算偷袭你们呐！警惕那灰色的蜥蜴，它正在阳光下的斜坡上窥视着你们呢！平平安安地飞走吧！去挖好你们的洞穴，捕猎你们的猎物并传宗接代，以便让多样生命把这个世界点缀得格外美好而靓丽。

# 凶狠疾速的杀手　劳而无怨的母亲
## ——黑腹舞蛛的生活及其母子行乐图

　　蜘蛛在一般人心目中的名声似乎不大好，在童话故事中它往往使人产生黑色巫婆、魔鬼化身等联想。另外一些人则会因为蜘蛛不属于昆虫纲，不能代表昆虫，它们有8条腿而不是6条，有小肺袋而没有气管等而不认可它。其实它们，也包括以后要讲到的蝎子，均跟昆虫同属节肢动物门，它们在形态、生态、进化等方面也同昆虫有着密切关系。在我们讲述的生态故事中，两者间的相互联系更是千丝万缕、密不可分。

　　蜘蛛属蛛形纲，它们的代表首推狼蛛和圆网蛛两大类。区分二者的主要方面就是：狼蛛不靠织网捕猎，只是在地面打洞和围猎捕食；圆网蛛则在空中编织一扇垂直于地面的丝网，以拦截、缠粘过往的昆虫，也捕猎其他多种小型无脊椎动物为食。

　　黑腹舞蛛是一种大型狼蛛，舞蛛之称起源于农民中的一种叫法。人们认为这种蜘蛛的毒性甚强，当有人被它大颚上的弯钩咬伤后，就会浑身痉挛，乱舞乱动，像是患了舞蹈病。黑腹舞蛛发育成熟后，肚子下面生长有黑色绒毛，从而得名。它的学名是纳尔包那狼蛛，喜欢住在被太阳炙烤、干旱多石、长着乱草和灌木丛的荒芜土地上。它们在地面挖下30多厘米深的洞穴，开始是垂直的，然后弯成曲肘形，再继续伸向地下深处，洞直径约在2厘米左右。最后在洞口周边筑起一圈"井栏"，材料是就近取来，什么都可用，有禾秸、小石子、土粒，有时甚至还连在植株上的叶子也被扒了过来，用纺丝器吐出的丝固定一下便是了。"井栏"的各个部分都用丝牢牢地连在一起，口径跟地洞一般宽，相当于地洞的延长。洞穴如果建在土质均匀的泥地，那就是一个匀称的管子；

如果建在多石的地方，洞壁就会弯弯曲曲，时有突起的石粒和石块。但不论地道是否规则，洞壁总是涂敷一层丝织物，粉饰到一定的深度，既可防止坍塌，也可在快速进出时便利攀登。

### 抓捕黑腹舞蛛

舞蛛躲在窝里的时候，如果你向洞底瞧一眼，可以看到4只大眼睛，像钻石似的在闪闪发光，这是"隐居狙击手"的4个望远镜；另外的4只眼睛小得多，在这么深的地方是看不到的。通常五、六月份是捕捉舞蛛的最好季节。这时节如果你仔细地观察，可以瞅见那个隐秘的猎手就停在"住宅的二楼"

纳尔包那狼蛛晒太阳

狼蛛与其"井栏"

上，即前面说到的，地道的曲肘形拐弯处，人们便开始诱捕它。将预先准备好的籽粒饱满的麦穗，尽可能深地伸进洞里，轻轻地晃动这个诱饵。穗粒转过来转过去地碰着舞蛛，舞蛛便自卫地张口去咬。我们凭手指上的感觉便可知道，是舞蛛口器上的弯钩抓住了麦穗头，它中计了。于是小心翼翼、缓慢地往外提拉，舞蛛则会用长腿抵住洞壁往下使劲。就在这一松一紧、一上一下地双方较劲的过程中，舞蛛逐渐被不知不觉地拉到了洞口。如果此刻被它看到有人在牵拉，它会立即扔掉诱饵，退回洞里。这是一个困难的关键时刻，要把这个多疑的小家伙拉出洞来需要运用一点机智。趁着它刚被拉近洞口，还在企图往下使劲的当儿，出其不意的一记大力提拉，就可能把它远远地摔出洞外。蜘蛛一旦离开了窝，总是表现得惊恐万状，甚至吓呆了，几乎连逃走都不会了。这时把它赶进已准备好的纸口袋里，那就轻而易举，只是举手之劳的事情了。

长颊熊蜂

为了满足研究的需要，实验昆虫学家们往往会采用某些更快捷的方法以捕捉一定数目的舞蛛，这些工作由年轻的助手们来完成。他们准备了一些活的熊蜂，每只熊蜂被装入一个大小可以塞住舞蛛洞口的玻璃瓶里。熊蜂是身体硕大、健壮有力的膜翅目昆虫，活泼好动。它们在"玻璃牢房"里一刻也不老实地飞动、鸣叫。当玻璃瓶的瓶口插进舞蛛的地洞口时，这个好动的家伙便毫不犹豫地钻了进去，这次它可倒霉了。它下去时舞蛛迎着这个不速之客走了上来，彼此相遇在过道里。洞口旁人们的耳边突然响起了"丧歌"——熊蜂对于舞蛛的"接待"发出的痛苦鸣叫。"丧歌"声持续了一小会儿，然后就像它的开始那样突然停止了。这时洞外的人们迅速移开玻璃瓶，

土熊蜂

木蜂

同时把一个长柄镊子伸进洞里将熊蜂拉了出来。可它已经死了，吻管一动不动地耷拉着，刚才一定发生了非常可怕的事情！舞蛛紧跟着熊蜂上来了，它一定是十分舍不得放弃如此丰盛的战利品。当猎物和猎杀者都被拉到洞口的时候，舞蛛满心狐疑，有时就讪讪地退回洞里去了；但只要熊蜂未被拿走、还继续搁在门槛边，即使离门槛好几厘米远的地方、仍旧能看到舞蛛重新出现在门口。它走出它的堡垒，大胆地上前重新咬住了它的猎物。这就正是时候了，随便用一块石头把洞口堵上，蜘蛛于是回不去了，只有束手就擒。

我们捕获了舞蛛，当然不光是为了在小瓶子里饲养它，我们是想要弄清楚一个重要的问题。舞蛛是一个性格热烈而现实的"猎人"，它不为它的后代储备粮食，它自己吃自己抓到的猎物，靠自己的狩猎行为谋生。这不是一个麻醉师，因为它不会巧妙地给它的猎物留下一线生机，并使之在整整几个星期的时间里保持着可被享用的新鲜状态；这是一个真正的杀手，它总是把野味立即装进肚子里去。而且这个强壮的猎手不像它的近亲圆网蛛那样，只是吮干猎物的血，它需要的是在嘴里咬得"咔咔"响的固体食物，就像狗啃骨头那样。这种杀手不采取活体解剖法——有条不紊、按部就班地使对手的活动能力丧失，而是尽可能快地让对手彻底死亡，以避免"猎人"遭受到猎物可能发起的反戈一击。

由于它所喜欢的野味是粗壮的，而粗壮的往往就不是温和的。被这个埋伏在地堡里的杀手——舞蛛所捕猎的对象，应当是一种可以与它的力量相匹敌的猎物。例如长着有力大颚的、肥胖的蝗虫，性情暴躁的胡蜂，动辄就以死相拼的蜜蜂、熊蜂，以及别的带着有毒"匕首"的对手们。总之，是中了其埋伏仍可以与之势均力敌的一切对手们。当舞蛛舞起有毒的弯钩与挥动着有毒螫针的胡蜂兵戎相见、殊死搏斗时，在决斗的武器方面几乎是旗鼓相当、势均力敌的。谁会更占上风呢？

我们知道圆网蛛的捕猎风格跟舞蛛有着很大的不同。前者当有虫子被它预先设下的网缠住时，它便跑过去先向俘虏抛出一把绳子——蛛丝，使对方无法进行任何反抗，而被牢牢地捆绑了起来。圆网蛛出于谨慎，再用弯钩给这个捆绑着的俘虏以一记狠狠的击刺，然后立即退开了，等到垂死者的折腾平静下来之后，它才再度回到猎物的跟前。显然，这样已经不再有什么危险。对于舞蛛而言，它却没有任何第二种攻防手段。既没有绳套来捆绑，也没有捕兽器先期捉住猎物，有的只是勇气和带毒的弯钩。所以它必须扑向危险的猎物，灵巧地控制住对方，以自己快速杀手的才干，迅雷不及掩耳地把敌人击倒。只要看到过像刚才那样从致命的洞穴里拉出来的熊蜂，就足以明白这一点了。每次当人们听到那种刚才被称之为丧歌的尖厉鸣叫一结束，急忙把镊子伸进去就已来不及了，拉出来的熊蜂都是死虫。腿脚松软、吻管耷拉，只有跗节处的几下轻微颤抖表明这是一具刚刚咽气的尸体。熊蜂是在一瞬间死去的，刚才一定上演过一场可怕的屠杀！

因为每次实验都是从最大的熊蜂——长颊熊蜂中挑选的熊蜂勇士，可以说这两位斗士的气力几乎是同样大，武器也差不多一样地精良、厉害。这种膜翅目昆虫的螯针，完全可以与蜘蛛的弯钩一决高低，甚至被熊蜂的螯针所刺，比之被蜘蛛咬到更为可怕。那么，为什么舞蛛总能占着上风，在每一场十分短暂的战斗中总能安然无恙呢？这中间很可能有着它巧妙的战术，有着它克敌制胜的高招和法宝吧！即使它的毒汁再厉害，也不可能光靠在猎物身体的随便什么部位注入毒汁就能够这么快地结束战斗吧？即便是声名如此吓人的响尾蛇也不会这么快地杀死一个势均力敌的对手，它也会需要数十分钟或几个小时的时间，可舞蛛却连几秒钟都用不着。难道是舞蛛在打斗时击中对手身体的某个部位，比起它凶狠的毒汁更具有致命性吗？

## 致命的一击

要弄清这一生死攸关的问题，单靠刚才那样的方法是无能为力的。因为洞穴里的打斗无法让我们看到"谋杀"的具体过程。此外，在尸体上也不好确定伤口的部位，因为造成伤口的武器十分细小。实验昆虫学家们必须另行设计有效的实验方案。例如把舞蛛和熊蜂抓来放在宽底的玻璃瓶里，让它们表演决斗。但情况令人失望，因为这两只虫子互相逃避，它们对自身被囚禁都感到不安，有时关在一起长达24小时双方谁也没有发起攻击。如果对手被换成一只较弱的猎物，蜘蛛就把它留到夜间来安静地享用这口美食；如果是一只有反抗能力的猎物，它就避免在被囚的情况下发起攻击。被囚者对自身处境的担心降低了它狩猎的热情。既然宽底瓶决斗场可以让角斗双方都退到一隅互相观望，"人不犯我，我不犯人"，那我们就把角斗场缩小到使角斗士们紧密接近，情况会改观吗？把熊蜂和舞蛛放在同一个试管里，试管底部的面积只能容下一只虫子。果然，一场激烈的战斗立即爆发了，但似乎并未发生期待中的严重后果。此时如果熊蜂处在下面，它就仰躺着用腿把蜘蛛尽量顶开，但始终未看到它挥动它的"匕首"。而蜘蛛则靠自己的那些长腿支撑住试管壁，使身体挂在光滑的表面上，保持与熊蜂的距离。它们似乎在等待着情况的变化，而这种场面也的确常常会被好动的熊蜂所打乱。如果是蜘蛛在下，熊蜂在上面，舞蛛就会躺着收拢长腿，把敌人挡在一定距离之外。总之，除了两个角斗士彼此的身体接触之际会爆发踹、踢、推搡的激战外，多数时间都是彼此坚持着避免接触，没有发生任何值得关注的事情。

鉴于以上情况，我们有必要回顾一下自然状态下舞蛛在野外的捕猎行为。野外观察发现，舞蛛在没有定居以前热衷于围猎，但一旦定居下来，它就宁可埋伏在洞内窥视，等待送上门来的猎物。晴天，每次我们都看见猎手们冒着夏日的酷暑，慢慢从地下爬上来，趴在它们井栏式的堡垒上观望着。此刻它们的姿势美极了，而且表情严肃，就像一个大管家，君临天下地俯瞰着主人的庄园。它们肚子在门槛里，头却露在外面，目光凝视着前方，爪子收拢，准备随时蹦起来、抓住任何不速之客。时间一小时一小时地过去了，它们一动不动地等待着，痛痛快快地饱晒着太阳。在这段时间里，如果有一只合它口味的猎物经过，窥视者就会立马从堡垒里蹦出来，犹如离弦之箭，在经过的蝗虫、蜻蜓或其他猎物的脖子上，闪电般刺上一刀，就把它们弄死。它带着猎物爬上堡垒的速度也同样地快，真是敏捷得出奇。它很少失手，只要猎物离它的距离合适，处于它的伏击范围内。但如猎物离得较远，舞蛛就不予理睬。它从来不屑于前去追击，而总是任凭猎物随意游逛，直到有成功的把握才下手，它似乎靠计谋获取猎物。它隐藏在围栏后面监视着，当猎物进入伏击圈时便突然跃起。凭着这种出其不意的方法，不论那猎物是长着翅膀，或是跑得飞快，只要是冒冒失失地进入了伏击圈就会当场丧命，舞蛛几乎是百发百中、万无一失。

但是，当舞蛛还年轻的时候，当它穿着同样的灰色服装、却还没有系上那条标志着达到生育年龄的黑色"丝绒围裙"时，舞蛛还没有一个定居的洞穴，它还只是一个流浪的"年轻人"，它整天在稀疏的草地上东游西逛。这个时期它是个真正的围猎好手，一旦发现有中意的猎物时，舞蛛就会拼命前去追捕，把对手从隐蔽的洞穴里驱赶出来，紧追不舍。被追逐的猎物跑到高处，做出要起飞的样子，但舞蛛会垂直地向上一蹦把它逮住。人们看到过被追逐的双翅目昆虫，即使已经逃到了两寸高的草叶上也是徒劳，舞蛛突然纵身一跃，腾空而起，把正在作势欲飞的猎物抓个正着。猫捉老鼠的动作也不见得比它更精彩。但这只是身体还未发胖变重的年轻舞蛛的壮举。

据此，我们需要让舞蛛在自然栖息的环境中心甘情愿地来表演它的征战技巧。皇天不负苦心人，科学家在某天的上午做到了这件事。既然舞蛛在自家的城堡里勇气十足，那么，最好就让决斗在它的家里进行，而且应该选一个不是非得进入洞穴不可的选手来代替熊蜂，其理由是显而易见的。这次研究者选了当地产的一种大型膜翅目昆虫——紫色的木蜂。此君体格壮硕，体表如黑绒一般，紫红色翅膀薄如轻纱，身材比熊蜂还大，体长可达3厘米左右。它

紫色木蜂

57

的螫针凶狠，被刺一下可使皮肤红肿，疼痛良久。这样的斗士是很能慑服对手的。如果舞蛛敢于跟它战斗，那一定是势均力敌的一对。木蜂被装入一个玻璃瓶，瓶颈宽宽的刚好能塞住舞蛛的洞口。被选择的舞蛛也必须是最壮实、最勇敢，而且饿得很的猎手。既然饥饿能驱使森林狼从树林里出来，难道就不能使舞蛛从地洞里出来吗？当木蜂在瓶子里嗡嗡地大声叫唤着，在每一个洞口挑战时，起初每个洞里都有猎手匆匆地上来到洞口，但只在自己的门槛里面观察，瞧着瞧着，它又回到洞底去了。很可能它看出这个气势汹汹的庞然大物不好对付，风险太大，于是放弃了。当木蜂最后来到一个洞口时，终于有一只舞蛛急不可耐地跳出洞来，冲进瓶里，这就是在饥饿驱使下跑出"森林狼"，大概由于长时间缺乏食物而忍耐不住了。在玻璃瓶里演出的悲剧眨眼工夫就宣告结束，木蜂死了。凶手是怎么执行死刑的呢？很容易就看清楚了，因为舞蛛并未放开它的对手，它的弯钩仍赫然地插在猎物颈背部的脖根处。凶手正像我们猜想的那样拥有高超的技巧，它瞄准了生命的中枢部位，狠狠地一击，把带毒的弯钩戳进了昆虫的脑神经节。随后的观察中，这一场面得到了多次的重复，每次都是专门咬颈部，猎物立即死了。进行观察的人员历尽千辛万苦，被炎炎夏日的骄阳炙烤，但他们由此成功得到了补偿。

进一步的实验是观察舞蛛螫刺对方身体的其他部位，乃至不同种类的对手的效果。如果说舞蛛不屑于或者也许是不敢进攻同处于宽底瓶里的、外貌孔武有力的对手的话，但只要把这个对手彻底暴露在它的弯钩下面，它一般都会毫不犹豫地去螫咬的。人们用镊子夹着舞蛛的胸部，并把要让它螫刺的昆虫放在它的嘴边，它总会打开弯钩刺入对方身体。这样就可以按照人们的意志，让它刺遍昆虫身体的各个部位，以显示相应的效果。如果让它刺中木蜂的颈部，木蜂会立即死去，就像我们在舞蛛的家门口已经看到的那样。如果刺中脸部，让木蜂回到宽底瓶中后可以自由地活动，它飞着、它乱跑、它嗡嗡叫，但半小时后它躺下去死了。如果弯钩击中的是背部或者身子的侧面，则昆虫俯伏在原地不再飞行或爬动，只是腿不时地踢蹬，肚子抽动，表明生命依然存在，这样继续到第二天，然后一切动作终于停止，木蜂成了一具尸体。

另一类是直翅目昆虫。一指长的绿色蝈蝈儿，肥头大脑袋的蝗虫、螽斯。

如果它们的颈部被咬，也会产生同样的结果，即猝然死亡。如果腹部被蜇，它们可以经受住相当长的时间，例如一只腹侧被咬中的粗胖螽斯，在作为牢房的笼子里坚持了15个小时，一直牢牢扒在光滑而垂直的罩壁上，最后它跌下来死了。

有人让舞蛛咬了一只羽毛刚刚丰满的、可以离窝的小麻雀，腿部稚嫩的皮肤上一滴血淌了下来，被蜇伤口的周围起了红晕，接着变成了紫色。小麻雀几乎立即提不起脚了，那只脚耷拉着，爪趾弯曲，它只能靠另一只脚跳着走动。不过这个小家伙似乎不太操心它的伤痛，它的胃口也不

螽斯

蝗虫

绿色蝈蝈儿

差。人们继续用苍蝇、沾了蜜的面包、杏干等喂它，它的身体会复原的，它一定会恢复体力的。实验小组的人们都希望这只因为人们对科学的好奇而受害的小鸟能重新获得自由。12小时后恢复健康的希望增加了，受伤的小鸟很乐意接受食物，如果太迟给它喂食物，它还会主动索要呢！可是那条受伤的腿始终拖

着，大家都以为这是暂时的麻醉，很快就会过去的。第三天小鸟儿拒绝进食了，它什么都不想吃，全身羽毛蓬松，精神委顿，时而一动不动，时而突然惊厥地一跳，逐渐痉挛越来越频繁地发作。最后它微微地张开了小嘴巴不再动弹，表明一切均已终结，小麻雀死了。

另一次的试验是对一只鼩鼠做的，当它正在糟蹋莴笋时被逮住了。需要确定如果一旦鼩鼠在实验过程中发生了不测，它究竟是由于中毒还是出于其他原因，首先例如饥饿而死，因为鼩鼠的食量是很大的。它被关在一个宽大的容器里，供应的食物是各种昆虫：金龟子，蝈蝈儿，还有好多蝉，它很爱吃蝉，咀嚼得津津有味。用这些食物喂养了24小时以后，人们相信鼩鼠接受了这样的食物，将能够耐心地适应囚居生活。

实验开始时让舞蛛咬了鼩鼠的嘴角。被放回笼子以后，鼩鼠老是用宽大的前脚掌摩挲自己伤侧的脸，似乎它的脸在灼疼、发痒。之后它食量大减，吃得越来越少了，第二天晚上，它甚至根本不吃了。在被螫后大约36个小时，鼩鼠在黑夜里悄悄地死去，容器里依然存有半打活的蝉和几只金龟子。

如此看来，不只是昆虫，即使是某些鸟类和哺乳类的小动物，如果被黑腹舞蛛咬伤了，其后果也是凶险的，它能够毒死小麻雀，毒死鼩鼠。它还能毒死什么动物呢？如果人被这种蜘蛛的毒钩刺中，恐怕也绝不是微不足道的事件吧！

## 结婚生子篇

已定居的舞蛛不喜欢出门，它出门只是为了到洞穴附近抓那些从它的捕猎区内经过的猎物。那些蹦蹦跳跳的蝗虫们，它们不大会控制自己蹦跳的方向和落点，一旦运气不佳，就可能落入舞蛛的防区，从而糊里糊涂地成为后者的食物。因此舞蛛完全不需着急，只要耐心地等待，总归会有东西可吃的。但即使这样，也仍会有要它们出门一行的理由，甚至有时还需要去远程旅行。为何要远行？那是为了交尾呀！当雌性舞蛛产卵之际，它还需要出外编织它的球形卵袋。在它家的洞穴深处，地方狭窄，只适合供它呆在那儿长久沉思。而织卵袋需要一块宽阔些的场地，所以必须到露天去工作，时间则也许是在静谧的夜晚。

同雄舞蛛相会是必须外出的。既然婚礼后有被吃掉的危险，雄性舞蛛是否还敢于进入情人那难以脱逃的魔窟深处呢？似乎太值得怀疑了。为谨慎起见，此事应该在住所外面进行。在开阔地区至少还有快速撤离的一线希望，从而使冒失鬼免遭可怕新娘的毒手。在露天会面的确减少了被吃掉的危险，但也并未完全排除这种危险。被人们撞见的一只正在地面上"吞食情人"的雌舞蛛，为我们提供了证据。该现场离洞穴已有相当远的距离，然而情人们约会的场所，也正是同类相食悲剧上演的地方。尽管空间已足够大，雄舞蛛却没能在婚礼行将结束之际迅速逃离，而是被胖胖大大的新娘吃掉了。眼看着婚礼在恐怖的气氛中降下帷幕，当遇难者的最后一块残骸被咬碎、吞噬之后，人们动手把那个可怕的胖新娘囚禁在了一个扣着纱罩、盛有足够沙土的罐子里。

10天后的早晨发现这只舞蛛开始为分娩做准备工作。它费了老大的劲用它的纺丝器抽出丝，编织了一个由上下两个圆片拼装起来的卵袋。每个圆片展开时约有一个小硬币那么大。下面那片做成小盆形状，雌舞蛛立即在这带有宽边的、半球形小盆里产卵，淡黄色、黏糊糊的卵一次性地快速排出，落入盆中。粘在一起的卵呈一个小球状高过了盆口，舞蛛在上面织起上片将之封盖起来，整个卵袋就像一粒白色的小樱桃。这粒白白的小丝球摸起来柔软而有韧性，雌舞蛛把卵袋挂在纺丝器上，拖在身后晃来晃去地碰撞着自己的后脚。从此刻开始直到卵孵化为止，雌舞蛛就将始终带着这个以一根短短的丝固定在纺丝器上的包袱去忙自己的一切事情：它走路或者休息，它寻觅猎物，它向猎物发动攻击并将其撕食。假如那粒包袱意外地脱落下来，立即会被复归原位，纺丝器随便在袋子的某点涂触一下就够了，粘接处马上便粘牢。

这是个值得一看的场面。雌舞蛛身后拖着的那个宝贝形影不离，无论是白天还是夜晚，也无论睡觉还是醒着，它总是以令人敬畏的英勇气概保护着这个"圣物"。如果有人试图从它身上拿走那个袋子，它就会绝望地把袋子贴在胸前，抓住伸过来的镊子不放，用毒牙去咬，可以听到弯钩啃铁器的尖利摩擦声。显然，它是决不会应允人们不付出代价而轻易抢走包袱的。实验者坚持用镊子夹住包袱晃动着，从愤怒的保护者手上抢走了那个袋子，同时把另一只舞蛛的卵袋扔给它。雌舞蛛的爪子赶紧抓过另一只小球用腿团团地抱住，随即又赶快把它悬挂在了纺丝器上。对母舞蛛来说似乎并不计较那是别人的还是自己的，反正有这么一个袋子就行了。于是它带着那个对它来说应该是陌生的包袱得意扬扬地走了。这个袋子与被调包的那个袋子样子相像，是实验人员预先准备下的。随后，进一步的实验结果更令人惊奇。人们用另一种蜘蛛——圆网蛛的卵袋来跟舞蛛的包袱进行交换。这两种卵袋在质感、颜色和柔软的程度上基本相似，但其外形却大不相同。被夺走的袋子是球体，而扔给它的那个却是圆锥体，圆形的底边上还有呈放射状突起的棱角。可是雌舞蛛并未注意到这种差异，抢到手之后就突然把那个奇怪的袋子粘在纺丝器上。现在它很是满意，就好像真的拥有了自己的小卵袋那样。人们的这些实验手段对舞蛛的行为似乎看不出有多少影响，至少是极为轻微和短暂，很快也就过去了。舞蛛的卵成熟期早，圆网蛛的卵成熟得晚些。当孵化期已经来到，而卵袋里的卵却毫无孵化的迹象时，上了当的雌舞蛛便抛弃了那个陌生的异种卵袋，不再去注意它了。看来这种手段还可用来进一步地测试这位背包袱的家伙的愚蠢程度。下一步实验是这样设计的：用锉刀将一粒软木粗粗地锉成像卵袋的样子，经过抢夺后把这粒仿品——"软木卵袋"丢给失去了宝贝的雌舞蛛，不料这个与丝织品相差如此之大的木质仿品竟被它不假思索地接受了。凭着它那8只钻石般闪亮的眼睛，这生物总该发现自己搞错了吧！但是，它根本没注意。你看它那爱怜的神情，它小心翼翼地将那截软木抱住，用触须抚弄它，把它用丝带固定在纺丝器上。从此便拖着软木粒东游西逛，就像拖着从前那个它自己的、真正的舞蛛小卵袋一样。

如果说刚才的软木球是你扔给它唯一的一粒，舞蛛接受它是因为毫无选择余地的话，那么如果给它以选择机会时又会怎样呢？我们不妨让它来试着选择选择看。真正的舞蛛的卵袋小球和几粒软木小球被放置在中间，让蜘蛛过来自由选择，它能认出自己的那个小球吗？这个宝贝似乎办不到！只见它猛地冲将过来，随便乱抓乱摸，一会儿碰到了这一粒，一会儿又抓起了那一粒，终于还是选择了最先摸到的那粒，之后便立刻将之挂到身后的纺丝器上，然后离去了。几次实验都是这样草草地结束了。如果增多几粒软木球，则它抓到真的舞蛛小球的机会只会更加微小。舞蛛的愚蠢行为往往令人们感到困惑。愿我们这位背着小卵袋的雌舞蛛生活得平安吧！

## 感人的母子行乐图

舞蛛还是单身时就喜欢晒太阳，那是为了自个儿的需要。那时它趴在地洞口的堡垒上，上半身伸出井口，眼睛迎着璀璨的阳光，大肚子则藏在井口下的暗处。背了包袱的蜘蛛晒太阳时却掉了个个儿：上半身在井里，后半截身子在外面。它用后足支撑着身子，使那个装满了生命种子的白色小袋保持在洞口之外，并轻轻地将小球转过来、转过去，使每一面都能接受到带来生气的阳光。如果当天气温高、阳光充分，这种姿势就能保持半天。此种极有耐心的日光浴会在3、4周内反复地进行，直到九月上旬、至迟到中旬的初几天，舞蛛小袋里的卵就成熟了。小舞蛛即将出壳之际，小球中间接缝处便裂开一道缝隙，这是母亲觉察到孩子在丝质套子里躁动不安因而及时地打开了小球呢，还是坚韧的卵袋在适当的时机会自动绽裂？这两种可能均不应排除。

一窝小舞蛛大约二百只，一下子全从袋子里冒了出来。它们立刻都爬到了母亲的背上，密密麻麻地挤在一起。根据数量不同有时叠成几层，把雌舞蛛的脊背全部覆盖起来。至于那个已是毫无价值的"破袋子"，随即就被解下来扔出了洞穴，舞蛛再也不去注意它了。

再没有什么能比看到雌舞蛛驮着孩子们行进的情景更为感人的了，完全是一幅典型的旧时代大家族的母子行乐图，又像人们有时在舞台上看到的"超生游击队"的家庭成员们在大路上行进时的情景。显然，"超生游击队"的画面比起舞蛛那个拥有上百成员的大家族来，要苍白和逊色得多。小家伙们表现得很乖，谁也不乱动，不同"邻居"吵架。它们伸胳膊撩腿、相互交错地构成一块"盖毯"，像覆盖了一件粗布褂子似的雌舞蛛已经"面目全非"。这块由活物组成的"毯子"当然不可能稳定到不致掉下来的地步，尤其是当雌舞蛛从洞穴里来到洞口外让孩子们晒太阳的时候，只要在洞壁上稍有蹭擦，就一定会有孩子们栽跟头、掉下来，但是事故一般不会引起严重后果。通常，为小鸡的安全而担心的母鸡，会去寻找迷路的小鸡，咯咯叫地呼唤它们，把它们召集到自己的身边或羽翼之下。但雌舞蛛并没有母鸡那样的担忧，它完全无动于衷，毫无牵挂的表示，而那些栽下来的孩子们却会自己爬起来，迅速再骑上去。我们可以看见那些跌落的孩子会立刻抓住母亲那被当作爬杆的腿脚，以最快的速度向上攀爬回到母亲的背脊上，顷刻之间那条由小舞蛛组成的"盖毯"又恢复了原状。

如果我们在这里对母舞蛛此时的行为谈什么母爱，是有些牵强，它只要有一大群自己的孩子骑在背上就满足了，谈不上什么真正的母爱之类的感情因素。人们所知道的很多种动物对于下一代的关怀与守护，往往只是属于这一性

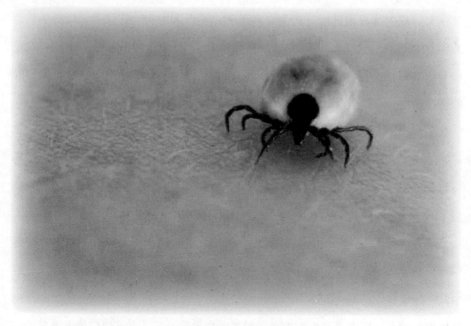

背负着幼仔的舞蛛

质的本能。例如蜣螂们英勇地守护着并非自己的窠巢，并没有自己孩子在里面的那个窝。游蛇会以一种高度的劳动热情去擦净卵壳上的霉点，即使那是人类强加给它的、额外的许多蛇卵，远远超过一窝卵的数量，它们仍会热情不减地轻轻擦拭着卵壳，把它们擦净以挽救它们，还仔细的为其听诊，了解胚胎的生长发育情况。而它自己的卵却并不见得会

背上驮满了小舞蛛，母蛛已是"面目全非"

得到额外的照护。对于这些动物来说，自己的孩子还是别人的孩子都是一回事儿，舞蛛也是这样。实验者用刷子去扫一只舞蛛背上的孩子，让它们跌落在另一只背上也布满了小舞蛛的雌舞蛛的身边。那些摔下来小舞蛛小跑几步，抓住另一位母亲的腿快速攀登，爬上了那位也很友善的母亲的脊背。那位仁慈的母亲平静地让它们爬了上去。这些小舞蛛插到其他孩子们中间匍匐下来。或者因为脊背上排得太满，它们就继续往前爬，从那位母亲的腹部爬到前胸，甚至爬到头上，掩盖得头部只露出两只眼睛，为了保证大伙儿的安全，总不能把搬运工搞成瞎子或者独眼龙呀！尽管儿郎们拥挤得密密麻麻，似乎还是懂得这一点的，绝不敢妨害那几个闪亮的"小豆豆"。那只舞蛛现在除了足得以保证行动的自由，以及身体朝下的部位因随时会蹭到地面而没有被盖住以外，全身的其他部位都覆盖了小舞蛛组成的"毯子"。就在这已经超载的情况下，实验人员的刷子又把第三只雌蛛的孩子扫了下来并强加给它，结果是这群孩子也平平安安地被接受了。现在的情况就更是蛛满为患、拥挤之极。它们层层叠叠地堆砌起来，大家都找到了自己的位置，各得其所地安顿下来了。只是那只在叠罗汉最底层的大力士，已被搞得"面目全非"，没人知道它是谁了。人们只看见一只刺儿球在爬动，不时有小舞蛛从上面掉下来，接着又不断地有孩子们在往上爬。母蛛身上满载的小舞蛛数量，已经达到动态平衡的饱和状态，即已达保持平衡的极限。但似乎还没有达到搬运工诚意和热情的极限。如果再给它扫来些孩子们，它照样会毫无脾气地接待，真是"韩信将兵，多多益善"。

产于澳大利亚的赤背蜘蛛

如果还想知道，在不经人们给它送来额外的孩子们的情况下，那位宽厚的母亲是否也会额外地照顾别家的孩子，以及关于那些合法者与外来者之间的联盟的情况将会是怎样的？考察以下的实验将能得到完满的回答。在同一个罩子下放进了两只背上驮着孩子的雌舞蛛。如果它们共同占有的罐子足够宽敞，二者便会尽量使自己的栖息地离对方远一些。可是它们之间的空间不够大，只有不到两拃的距离，这显然是不够的，相邻者马上起了排除异己之心。它们必须有分开的领地以保证自己有足够的捕猎区。最后一天的早晨终于发现两个邻居之间发生了激烈的争执。战败者被打翻在地，仰面朝天躺着；战胜者的肚子顶住对手的肚子，用爪子抱住对方使之动弹不得。双方都张开了毒牙，准备伺机向对方下最后的杀手。双方僵持了好一阵之后，战败后躺在地上的那只舞蛛的头被咬碎了。随后战胜者松了一口气，慢慢悠悠地、小口小口地吃着那具尸体。现在母亲被吃掉了，孩子们怎么办？它们其实很容易被安抚，并不在意那可怕的一幕。它们在尘埃落定之后自动爬上了胜利者的脊背，平静地在那儿安顿下来，同那些胜者的孩子们混在了一起，互相和平相处。吃了人的恶魔对此并不反对，把它们当作自己的孩子留下来。恶魔吃掉了母亲却收容了孤儿，直到小舞蛛们独立离开为止，雌舞蛛驮着被收养的孤儿们，视如己出。两个家庭竟然如此戏剧性的合并成了一家，但却似乎无法使用母爱和温柔这些常常令人类感到温馨而伟大的字眼。

## 背上的孩子们餐风饮露？

人们很想知道舞蛛怎样喂养在它背上麇集的孩子们。观察者总想亲眼看看它们的家庭聚餐，特别注意那些正在进餐的母亲们，其方法就是在金属纱罩下喂养舞蛛和它的一家子。那些囚徒根本不打算利用罐子里的土地挖一口井，因为在它们生物钟的时间程序上，现阶段已经不是挖井的季节了。于是，包括进餐等一切行为都是在暴露的状态下进行，观察因此没有太多困难。人们看到当母亲把食物嚼了又嚼、榨干汁水、吞咽下去的时候，那些孩子没有离开背上的营地，没有一个离开自己的位置，也没有一个流露出想下去分享便餐的情形。当母亲的根本没有邀请它的孩子们来吃些东西的意思，更无意特意为它们留一些食物。自己吃得饱饱的，而孩子们只有看的份儿，或者对这一切干脆就是漠不关心。雌舞蛛大吃大喝的时候，全体孩子们竟然如此平静、丝毫不在乎，这是否就表明了它们并不需要食物？至少目前所处阶段是这样的。那么它们被驮着的时间里又靠什么物质和能源维持生存的呢？人们可以猜想它们靠吸吮母亲身体分泌的某种汁液维生，就像哺乳动物吸奶，寄生虫吸吮宿主身上的营养物质那样，渐渐地将它们榨干。但是，请放弃这类猜测吧。因为人们始终未曾看见过它们把嘴贴靠在母亲身上。再说，雌舞蛛更是远远没有被榨干和衰弱下去的迹象，它始终保持着很是丰满的体态。育雏期间和其后，它同以往一样大腹便便，非但没有清瘦的意思，反而更胖了，它为下一轮的生育吸足和储备着营养。

看来小舞蛛们并不吃喝，而且也完全不是一种休眠状态的生活，因为尽管它们习惯于安静地待在母亲的背上，但仍然在不停地活动。它们从雌舞蛛的背上摔下来，马上又敏捷地沿着母亲的一条腿重新爬上去，一回到位置上就需要保持整体的稳定平衡，必须把自己的肢体伸出去与邻居的肢体相互联在一起。我们还了解到它们随后还有不算多的纺丝任务等。所以完全静止状态的生活对它们来说实际上根本不存在。因此我们要发问，小舞蛛究竟靠什么维持其活跃的生命呢？

我们已经注意到的事实是：在小舞蛛从出生时起直至脱离监护这段时间

小蜘蛛从大型蜘蛛的网上偷走猎物，
被称为"盗窃寄生"

内，它们的个体未见长大。卵提供了构成骨骼和肌肉及将来少量纺丝等必要的物质。在这段时间内由于物质的消耗达到极端节约的程度，小舞蛛是否就能暂时无须从体外摄取除空气和水分以外的有形物质？另外一个现象是，自从卵袋挂在雌舞蛛的纺丝器上以后，母亲就必定在白天太阳最强烈的时刻，把卵袋放在阳光下照晒。

它以两只后足把小袋托出洞口，并且轻轻地转来转去，以保证卵袋的每一面都充分获得带来活力的阳光。也许可以认为这唤醒了生命萌发的日光浴，在继续维持着这稚嫩新生儿的活力。因为，只要天气晴朗雌舞蛛每天都会驮着孩子们从洞穴下面上来，趴在洞口晒日光浴好几个小时。即使是在冬天，只要天气晴暖，它们也坚持每天如此。小舞蛛在母亲的背上打哈欠、伸懒腰，得到了足够的热量，储存了动力，也就充满了活力。通常它们待着不活动，但如对着它们吹口气，它们就会站立不稳，好像一阵狂风刮过似的，使它们迅速散开、又立即迅速聚拢。表明这只有血有肉、有生命的小小的动物，尽管没有可供消耗的燃料（食物），但在有需要的情况下（即使是被迫的）是完全能够自如地做出反应的。当天色暗下来时，母亲才带着孩子们回到洞穴里，阳光餐厅今天的能量宴会到此结束。这样的日光浴日复一日地坚持着，直到小舞蛛脱离监护，开始自己独立谋生和开始吃饭的那天为止。

生命存在的特征就是不断地与环境进行物质和能量交换的新陈代谢。由血、肉、骨骼等组成的动物的生命，就靠相互吞噬或从植物身上摄取营养。它们依靠储存在植物茎叶、种子、果实或其他食物中的能量维持生命，激发活力。太阳是至高无上的能量给予者，是地球上生命的源泉。那么，太阳能能否像给蓄电池充电那样直接进入动物的细胞，使动物直接接受能量而充满活力，从而不必让动物通过曲里拐弯的肠道，对食物这种中介物质进行复杂的加工来获得必要的能量呢？如果说我们吃葡萄和各种其他水果，归根结底也是为了获得太阳能，那我们何不就直接依靠从太阳接收能量来维持生命呢？一个人们可以把阳光直接当饭来吃的世界该是多么的奇妙！这个时代真的会来到吗？它是一个美丽的梦想，还是对人类遥远未来的预测呢？

## 离开母亲 告别家园

一个晴朗的晌午，艳阳当空，小舞蛛们开始出发。背着孩子的母亲从地下爬出来，蹲在洞的井口护栏边。它对眼前正在发生或即将发生的事无动于衷，一副任由事态发展的态度。既不鼓励孩子们走，也不挽留，想走的就走吧，想留的也可暂时留下。当小舞蛛们对阳光感到餍足了的时候，就会一组一组地离开母亲，一会儿一批，一会儿又一批。它们在地面上疾走几步，就来到了第一棵禾本科植物或荆棘丛旁边，或者一株更为高大些的柏树和月桂树下。它们以一种特别的热情攀登着，穿过一些枝枝杈杈，晃晃荡荡而又急急忙忙地向上攀爬。最后它们来到了树枝的最高点，有的则来到一根枝杈高高地悬空的远端。它在此拉了几根悬丝，丝的游离端飘过去粘在了附近的另一些制高点上，形成了几座空中的吊桥。现在那些身手矫捷的小家伙们迫不及待地上了吊桥，在桥上不停地走来走过去，似乎它们还想爬得更高些。而且也的确有些幸运儿在更高些的吊桥上蹀躞着呢！这些在高空走钢丝的"小演员们"，在天空光亮背景之下恍惚成了一朵朵黑色的小花簇，微风拂过，小花簇便缓缓地晃动。在光线以某种角度照射之下，细细的丝线就会融入背景中而不再能被眼睛所分辨。此时那些小舞蛛看上去就宛如一排排、一行行的小飞虫在跳着空中芭蕾。突然之间小飞虫们乱了阵营，一阵强大的空气流把丝桥扯断了，整段丝线在空中飞舞起来。现在移民们吊在丝线上出发了，它们顺着风势在空中飘飞着，这是真正的乘风归去，而且是免费的。
有时可飞得很远，在它们落下的
地方，有新一代舞蛛的崭新生活
在等待它们。根据气温和日照的
变化，它们组成大小不等的小组
陆续出发。如果遇上阴雨天气，
它们就暂时留下来，因为谁都不
喜欢在阴霾和凄风苦雨中旅行。
起程的小舞蛛渴望得到赐予它们
生机和活力的阳光的抚慰。

在水面活动的水蜘蛛

最后，孩子们全部都消失了，它们都被"索道车"带走了，只剩下雌舞蛛
孤身一个。它似乎并不因为孩子们的离去而感到悲伤，依然是色泽光亮，体态
丰满，这也从某个方面表明这么多个月来的母亲生活，并未给它的身体带来太
多的劳累。从现在起，它将开始过起生机勃发、热情高涨的新一轮生活。

## 蛛蜂捕猎的几个小镜头

从昆虫的生态故事中，我们已经接触到一些蛛形纲动物的捕猎行为。它们
既凶残而又不乏小心。它有时虽也表现出怯懦的一面，例如蜘蛛一旦被打败就
会倒地诈死，但通常情况下它们看起来总是那么咄咄逼人、不可一世。就说黑
腹舞蛛吧，当这个丑陋的东西在它的洞穴中，从底下蹿上井口来时，那副架势
就很吓人。它的8只眼睛在黑暗中闪着钻石那样的光芒，张嘴露出一对恶狠狠
的毒牙（大颚），一滴毒液汪在那里。害怕舞蛛的人无疑会惊得心头发毛。哎
呀，在此情况下，有多少偶然来到这里的小昆虫成了它的俎上肉、盘中餐呢！
同时，人们也难免想到这个凶恶的丑家伙难道就没有天敌了吗？当然不是的，
俗话说一物总有一物制，大自然是有其多样性的。

说起蜘蛛的天敌，当然得首推蛛蜂。蛛蜂自身吸食花蜜维生，但却捕猎

蜘蛛来喂养它的幼虫。蛛蜂专门只捕猎蜘蛛，后者捕食一切落入其罗网中的大小昆虫，当然也包括蛛蜂。于是这两个天然的敌人就针尖对麦芒，互相对着干。从敌对双方的条件来看也是互有优长，作为捕猎性膜翅目昆虫的蛛蜂，身材纤瘦有力，行动机智灵活，装备着一根灵活的带毒螫针，有成套熟练的作战策略，善于巧妙地狙击敌人。但蜘蛛也绝非善类，它挥舞自如地开合着它的两把有毒弯钩，凭借狡诈的罗网和深藏的洞穴，生就的诡计多端和重重圈套，而且本身极具搏击能力。蛛蜂善于针刺关键穴位麻醉猎物，是个高明的麻醉师；蜘蛛则凶狠地以弯钩刺颈，导致对方立即死亡，是个专业杀手。那么这样两个对手的较量和厮杀，谁将成为胜利者和猎手，谁又将失败而沦为猎物和牺牲品呢？值得我们拭目以待。

大名鼎鼎的蛛蜂其捕猎行为总是与寻找蜘蛛有关，所以它总是忙忙碌碌地跑东跑西。当蜘蛛在旧墙根边、小路旁的草丛里、收获后的麦茬和干草堆上到处织网时，蛛蜂就忙着到这些地方来拜访它们。蛛蜂有时收起颤动的翅膀叠在

背上，忙碌地一会儿跑到这里，一会儿又跑到那里，有时又飞了一段路程之后再辛勤地跑动，有时也会花费较长时间飞到远处去寻找。这样一个不像是成竹在胸、却更像只是一个马马虎虎的狩猎者，会不会反被那些以逸待劳、正在窥视着它的猎手们当成了猎物呢？

那就让我们来考察一下粗壮有力的环节蛛蜂的生活吧。这是一种英勇的捕猎蜘蛛的狩猎者。它身穿黄黑二色的服饰，6条长腿灵活而遒劲，黄色翅膀的远端染成黑色，仿佛被烟熏过似的。体表黄黄黑黑，让人联想到烟熏鲱鱼。在夏日里那翻耕过的垄沟间，你可以看见骄傲的蛛蜂正在那儿大步匆匆地走来走去。它那矫健的身影、放肆的神情，它那粗鲁的步态、好斗的举止，都给人以不平凡的印象。你定会觉得这个高傲的昆虫一准儿拥有某种高明的本领，并将捕捉一些同样不平凡的虫子作为食物吧！如果你勤于观察，而且运气也不错，终于有一天你会看见这位大步流星地走动着的猎手嘴里正衔着它的猎获品！仔细一看，嘿！居然是一只大名鼎鼎的黑腹舞蛛。就是前文中说起过的那位：运用它厉害的武器一记击刺就能消灭一只木蜂或一只熊蜂的可怕的纳尔包那狼蛛，即那只能杀死一只麻雀、一头鼹鼠的黑腹舞蛛，如果人类被它咬伤也定然会有危险的那种可怖的毒虫。高傲的蛛蜂捕来喂养幼虫的竟然是这样的"高级"猎物。

蛛蜂可能是狩猎的高手，但据观察它在筑巢方面绝不是一名高明的"建筑师"。有人看到这位性情暴烈的猎人，正拖着不久前抓到的一只蜘蛛的腿来到墙脚边。墙根处恰好有一个不大的洞，是砌墙时在砖缝间留下的空隙。这位猎手察看了一番洞穴，显然这并不是它第一次来到这里，它原先必定已经侦察过，并且感到是合用的。在蛛蜂这次审察洞穴之前，它已经抓到了猎物，把麻醉好的猎物安置在一个只有它自己知道的僻静之处。相中了这个洞穴之后，才回去再把猎物运到此处，准备储藏起来，它的这番活动恰巧被人们所看到。蛛蜂把洞穴看了最后一眼，马马虎虎地清除出几粒残存在洞里的灰浆屑和砖渣之类，准备工作就算完成了。于是，它马上着手把猎物往洞里拉，舞蛛被拖进洞去仰面朝天安放好之后不久，蛛蜂从洞里出来，漫不经心地把刚才清理出来的几粒灰浆屑推过来堆在了洞门口，然后自顾飞走了。

过了一会儿，估计蛛蜂再也不会回来了，观察者打开了洞穴。检查发现这只是一个砌墙时自然遗留下的空隙，里面粗糙不平。蛛蜂只是随便划拉一下，算是最马虎的清扫工作，毫无挖掘加工的劳动痕迹。也就是说，蛛蜂在需要产卵时匆匆找到一个泥瓦匠留下的墙洞，只要宽敞得足以安放下猎物就可以了。将猎物放置就位以后，把卵产在蜘蛛的肚腹之上。然后把几块灰浆屑、沙粒等胡乱堆在门外堵住洞口，就算封了洞门。其实这些根本算不上什么封门，充其量也就是围上了栅栏而已。检查这只舞蛛，全身看不到伤口，身子柔软灵动，只是没有自主运动。事实上生命仍然存留在它的身体中，只是受到了深深的麻醉而已。由于检查、搬动猎物时把蛛蜂的卵碰掉了，已无法观察卵的孵化情形。这只被麻醉了的舞蛛被保存在一个空气流通的盒子里，它的跗节末端有时还会产生一点儿轻微的挠动。从当年8月2日到9月20日的7个星期之间，它一直保持着新鲜，仍然具有柔韧性。

我们依然关心着蛛蜂究竟是怎样捕捉到它的猎物的，它们之间必定有过一番龙争虎斗的激烈拼杀吧！交战的一方要靠诡计和技能的结合才能战胜另一方可怕的武器，决斗也足够惊心动魄。当年熊蜂和木蜂当场丧命的魔窟——舞蛛的堡垒里，今日难道蛛蜂竟然能够深入虎穴并谋得虎子吗？要知道舞蛛可是严阵以待，只等着咬它的脖颈呢！孤军深入式的大胆来访只会付出性命的代价。那么可否等待舞蛛外出散步时再采取狙击式的奇袭呢？答案是否定的。因为舞蛛平日深居简出，整个夏季从不出外闲逛。只是到了不再看见蛛蜂的深秋季节，它才像吉卜赛人似地带上众多的孩子四处流浪。那么蛛蜂难道就只有到舞蛛的堡

正在网上蹲守的圆网蛛

垒里去冒险这一招吗?

　　企图在实验模拟条件下观察蛛蜂与舞蛛的打斗场面是非常困难的工作。一是虽然舞蛛俯拾皆是，但蛛蜂却是极为稀罕、不易得到的种类；二是即使得到了必要的主角——蛛蜂和舞蛛，把二者关在了一个容器里，例如一个金属网罩下的土盆中。中央插了一排半截的芦苇作为隔离带，还有一个人造的洞穴。土盆的一侧放入几朵蘸了蜜的花朵算是蛛蜂的饭厅，另一侧则有两只蝗虫作为舞蛛的食物，而且随时可以补充。罩子里场地宽敞，舒适向阳，空气流通，环境条件甚佳，但观察的结果却十分不如人意。

　　在人工的环境条件下，数天过去，观察却毫无预期的结果。蛛蜂只对蘸了蜜的花朵有兴趣，一旦吃饱之后便在网顶穹窿下绕圈散步；舞蛛则自在地啃着它的蝗虫。一旦蛛蜂蜇进它的视野，舞蛛便猛然直立起来，以4条后足支撑起身子，4条前腿伸直张开，这样就将强健的胸部和长着黑毛的腹部展现在敌人面前，对蛛蜂摆出了威慑的姿态。它那铁钩般的上颚大大张开，一滴毒液在颚尖处闪闪发亮，让人感到毛骨悚然。受到威吓的蛛蜂会突然转过身去，匆忙远离这个凶狠的敌手。舞蛛随即闭上带毒的上颚，8足落地恢复到平时的姿态。那排芦苇和人造的洞穴也充分发挥了作用，舞蛛和蛛蜂都曾进入其间躲避过，成了轮流使用的防御工事。

实验得不到预期的结果可能与实验的条件有关，但还与实验对象自身的情况、条件乃至其当时的生理状态等都可能有关系。例如蛛蜂的虫龄、健康状况甚至情绪等都将影响其活跃程度与斗志等。

下面记录了一位法国早期的昆虫学家有关蛛蜂在实验室里，对另一种蜘蛛进行捕猎过程的一次成功观察。使用的狩猎者是随机获得的一种名为"滑稽者"的蛛蜂，猎物则是经由预备实验所选定的彩带圆网蛛。这是身材仅次于黑腹舞蛛的一种大型蜘蛛，通常它会选择蜻蜓经常出没的水沟、小溪附近拉起它的大网，捕食一切被网丝黏住的虫子。在作为观察用的金属网罩里，最初是彩带圆网蛛爬上网壁，8条腿长长地张开着，此时滑稽蛛蜂正在笼子顶部攀爬和盘旋。前者看见敌人正在向自己靠近，一阵恐慌引起了手忙脚乱，慌乱中一个措手不及竟从网上跌落到地面上，立即仰面朝天把8条腿收缩于胸前。此刻蛛蜂已经冲了过来，迅速展开腿脚箍住了圆网蛛，在它身上搜索着，似乎准备要给后者动手术，但终于未见它亮出螯针。眼看蛛蜂认真地靠向彩带圆网蛛嘴部那带着毒液的上颚，就像在检查一部危险的机器那样。然而，一会儿以后它放弃了、离开了。彩带圆网蛛依然躺在原地一动不动，以至于实验人员以为在自己稍未留神之际，它已被蛛蜂"动过手术"而陷于麻醉状态了。彩带圆网蛛被从网罩中取了出来，刚一放上桌面它突然活了过来，而且猛地跳起身来。原来这个狡猾的家伙在蛛蜂螯针的威胁面前装死，竟然装到如此逼真的程度，把实验人员给蒙骗了，它竟连蛛蜂也给骗过了！蛛蜂如此贴近探查，也没能发现这是一具理应给予狠狠一击的"特殊尸体"。难道说滑稽蛛蜂嗅到了彩带圆网蛛身上曾经偶然地染上的某种气味，从而误以为这是一具不新鲜的尸体？就如同童话寓言中的灰熊那样放弃了攻击？

彩带圆网蛛

但是在自然界的实际生活中，这类狡猾的诡计却往往转变成舞蛛、彩带圆网蛛和其他蜘蛛们自身的灾难。例如，当洞穴中的蜘蛛刚刚被扔出了自己的堡垒，或蜘蛛们在激烈搏斗中战败了被打翻在地之际，它们也总是采取这种自我保护的方式，躺在当场一动不动地装死，装作尸体般毫无生机，满以为这样很是成功。但是刚才还与之激烈打斗的蛛蜂清楚地知道，眼前这个躺着不动的家伙绝不可能已经真的死去。生存斗争教给它，这正是个重要的当口，必须抓紧时机实施它最厉害的一击。将螯针刺向对方的要害部位，从而为自己的下一代赢得生存的物质基础。生存斗争教得正确，在这一点上蛛蜂很受大自然的青睐。对蜘蛛类而言却就远非如此了，生存斗争教给它"打败了就装死，装得越像越好"，似乎教错了。试想，如果圆网蛛即使被打翻在地，却仍坚持不屈地斗争：8条腿仍然有力量将敌人拒之于一定距离之外，张开它铁钩一般的上颚拼命乱咬，那么蛛蜂是否能够进行贴近的攻击？恐怕至少也是万万不敢将自己的腹部末端暴露在致命的双钩之前的。正是蜘蛛的装死给了狩猎者的致命一击以成功的机会。难道说这是大自然主宰者的薄此厚彼吗？

以上过程的叙述只能算是插曲一段。观察到的真正的捕猎过程则是这样的：当滑稽蛛蜂真的同圆网蛛在网罩下的土地上相遇时，后者决非不做任何反抗而束手待毙的。当发现蛛蜂向它靠拢时，圆网蛛就立即直立起来，模仿黑腹舞蛛那样摆出充满威慑意味的防御姿势。但是滑稽蛛蜂对于威吓却完全不屑一顾，只见它在动作滑稽的外表掩护之下，猛地冲向彩带圆网蛛。行动敏捷，绝无犹豫，战斗一触即发。它们闪电般交战了一个回合，圆网蛛就被打翻了仰躺在地。只见蛛蜂趴在了对方的身子上，腹贴着腹，头顶住头，它的6条腿把圆网蛛蜷缩在胸前的8条腿全部控制了起来，它的上颚还咬定在对方的头胸部位。

同时它的腹部正用力弯卷过来并伸出了螫针，人们相信，蛛蜂就会立即给蜘蛛的胸神经节施行麻醉手术了。就在这千钧一发之际，观察者却发现自己错了，因为蛛蜂的螫针竟然首先是由后向前地刺入了彩带圆网蛛的口中。这次攻击既非常大胆坚决，又十分谨慎仔细。立竿见影的效果就是蜘蛛那曾几何时前还汪着毒液的、铁钩般的上颚立即毫无生机地闭上了，这个可怕的猎物真的解除了武装，彻底成了可怜的牺牲品。人们立刻就认识到蛛蜂这一记攻击的厉害及其正确和必要的意义，值得让人叹服。难道不是这样吗！一只捕猎性昆虫懂得在攻击和制服猎物时首先要保证自身的安全，彩带圆网蛛拥有一对锋利的带毒上颚，如果一旦被它咬着，蛛蜂必死无疑，这就是蛛蜂首先要攻击对方上颚的正确理由。由此不妨推论，我们虽未目睹环节蛛蜂在捕猎黑腹舞蛛，但可以肯定的是也必曾经历过这样一种惊险的场面。蜘蛛的铁钩闭上了，蛛蜂那弯曲成弓形的腹部便也放松开来。随后螫针不慌不忙地再刺向彩带圆网蛛第4对足根部的腹中线上，差不多就在头部和胸部的交汇处。蜘蛛这一点的皮肤比其他部位更细腻，更易于穿透。就彩带圆网蛛而言，胸部除这一点之外，其他部位都有坚硬的胸甲保护，不太坚硬的螫针颇难穿透。支配圆网蛛8条腿活动的那个神经节，位于这一刺入点的略靠上方的位置，由于螫针的刺入方向是由后向前，所以针尖恰巧能刺中这个神经中枢。这一击刺终于使已经解除武装的圆网蛛8条腿同时瘫痪而完全不能动弹了。

这只受到攻击的彩带圆网蛛继续被置于监视之下。观察者发现在麻醉之后1分多钟的时间内，它的爪子仍不时地发生抽搐，当这种仿佛是临死时的挣扎动作仍在延续时，蛛蜂就始终没有松开它的猎物，它似乎也在检测麻醉的效果。蛛蜂还用它的上颚尖反复搜索蜘蛛的口腔，似乎仍在测定对手那带毒的上颚是否真的完全失去了攻击的能力。随着时间的消逝，接下来终于一切都恢复了平静，蛛蜂开始动手把猎物拖离现场。这次难得的科学观察也以圆满的结果而暂告落幕。

有一种黑蜘蛛俗称窨蛛，浑身透黑，只有大颚是金属绿色，它那两柄有毒的、弯弯的"匕首"似乎是用青铜雕刻出来的。它的毒液颇为厉害，戳到昆虫的颈部立即产生暴毙的效果，而且据说咬到人的皮肤也能形成疼痛难忍的红斑，直径可达2厘米，时间持续一个半小时。花园里破旧围墙上指头大小的墙洞，都很适于黑蜘蛛安家。它的网呈较大的漏斗状，喇叭口就摊开在墙洞的外口，有一些辐射状的丝把网的周边固定在墙面上，锥形丝网的后端收缩成管子伸到墙洞的深处，管子的尽头是蜘蛛的餐厅，黑蜘蛛躲在餐厅里从容不迫地吃着抓来的猎物。蜘蛛的2条后腿在管子里面撑住，6条前腿伸到洞口处张开，以便更好地感知周围的动静及猎物到来的信号。苍蝇等冒失地触到蛛网的丝上时就难以逃脱了。一旦发觉被缠住的双翅目昆虫在乱扑腾，蜘蛛便迅速跑过去，甚至跳过去，即使是跳过去它也不至于一跃而失足跌落到墙洞外的地上，因为从尾部纺丝器会拉出一根丝拽住它自己。苍蝇的颈背部被咬了一下而死去，随后便被运到餐厅里。依靠丝网、安全带等设施及整套的技术，黑蜘蛛可以轻而易举地捕猎到具有进攻性的猎物，据说，即使胡蜂也不在话下。

现在有一只身材和体力均远不及黑蜘蛛的蛛蜂过来了。这种被称为尖头蛛蜂的膜翅目昆虫浑身上下均呈黑色，也就蜜蜂般长短，但身材却纤细得多。这只蛛蜂竟也敢于向凶狠的黑蜘蛛发起挑战。你看它跑着跳着、有时还飞动着来来回回地仔细搜索着墙壁，弯曲的触角颤动着，翅膀在背上时而收拢、时而互相拍打着。此刻它来到了黑蜘蛛的漏斗附近，原先一直看不见的蜘蛛立刻出现在喇叭形的洞门口。黑蜘蛛伸开6条前腿摆出准备迎战的姿态，虎视眈眈地盯着那个来者不善、正搜寻着自己的对手。原本神态张扬、睥睨一切的蛛蜂面对黑蜘蛛的汹汹气势，顿时采取了更为审慎的态度来观察这个它觊觎已久的猎物。兜了一圈没找到下手的机会，随即就离开了，黑蜘蛛也退回自己的巢穴深处。蛛蜂又来到第二个蜘蛛的漏斗网附近，其中的主人又立即出现在门槛上，身子前部探出门外，做好了既是防御也是攻击的准备。蛛蜂又走开了，这个黑蜘蛛随着也退回管子里面。警报再度响起，蛛蜂又来了，蜘蛛再次摆起咄咄逼人的姿态，迫使蛛蜂再一次无功而返。在下一次发生警情的时候，那只黑蜘蛛甚至表现得比同行们更为出色，当狩猎者在漏斗附近踅过来踅过去时，它突然从网口跳出来，身后纺丝器上系着一根安全带，这样万无一失地一纵身几乎扑到了蛛蜂的跟前，后者似乎猛然吃了一惊，立即拔腿溜走，黑蜘蛛也同样迅速地往后一退，返回到自己的家园。

　　遭遇强敌当前，黑蜘蛛不是躲藏起来，而是急于公开地露面，它不逃走，反而扑到猎手跟前。到此刻为止，我们的观察确实还难以说清它们二者究竟谁是真正的狩猎者，谁又是不幸的猎物。就说那只鲁莽的蛛蜂吧，要是它的腿被蛛网的丝缠住，那不就完了吗？蜘蛛会扑上去把毒钩插进它的脖颈。那么，它究竟会采用什么有效的办法，来对付那个始终保持高度的警惕、一贯处心积虑做好防御准备而又随时敢于发动大胆袭击的危险对手黑蜘蛛呢？始终坚持观察的昆虫学家们，几个星期以来不断地在这堵破旧围墙前徘徊着。

　　人们多次看见蛛蜂向黑蜘蛛的前腿扑去，用大颚咬住它的一条腿，使劲想把它从管子里拖出来，这一记狙击式的袭击，猛地一纵，疾速咬住，蜘蛛根本不可能躲避得开。但是蜘蛛的后腿紧紧钩牢在网子里，它惊得往回一跳就脱身了。蛛蜂在此大力一震之际，不得不急忙松开了嘴，因为如果仍然咬住不放，那它自己就有可能遭遇危险。蛛蜂的这次进攻没有奏效，但它似乎并无怨

黑蜘蛛和尖头蛛蜂

尤，久经征战之辈，胜败乃是常事嘛！它马上又在别的漏斗网前开始新一轮的尝试，甚至还在对方惊魂未定之际，再次来到刚才那个漏斗网前去试试运气。它仍旧飞扬跋扈地跳着、跑着，一如既往。蛛蜂正在一个漏斗网前转悠着，黑蜘蛛则趴在门口伸开前腿监视着它。瞅准了一个机会，蛛蜂突然跳过去抓住一条腿把蜘蛛往外使劲一摔，自己则随即跳到一旁，然后似乎在侧过身子检验一下效果。蜘蛛常常会顶住这个袭击，有时虽也会被拉出来，但往往能够立即退回去，无疑这是得益于它的安全带在起作用。由此不难看出，蛛蜂的意图在于把蜘蛛从它的堡垒里弄出来，并且扔得远远的，这样就有机可乘了。不错，有志者事竟成，坚持到底终会得胜利，最后一次终于成了。蛛蜂这一纵跳非常遒劲有力，速度和姿势也拿捏得恰到好处，黑蜘蛛这次终于抵抗不住而被拽出了老巢，摔到了地上。蜘蛛一旦离开了自己埋伏的阵地就丧失了斗志，而且这一摔也吓得它晕头转向。现在黑蜘蛛已不再是刚才那个勇敢的斗士，它把腿脚收拢起来蜷缩成一团，躺在地上装死。这一做法也许正中了蛛蜂的下怀，你看后

蛛蜂猎捕了一只蜘蛛

者毫不耽搁地立即过来了，观察者几乎来不及近前观看，蜘蛛已经被蛰了。

　　蛛蜂把新得到的猎物放在墙脚边一个草丛的高处，目的在于当自己短暂离开期间尽量避免食物受到其他猎手，例如同为膜翅目昆虫的蚂蚁的损害或偷盗，自己则回到墙上去又开始巡视一个个的漏斗网。这次它是视察丝管，把探测器——它的触角伸进丝管里去，最后甚至毫不犹豫地钻进了黑蜘蛛的丝管。难道它不怕危险了吗？刚才它不是还十分谨慎地几次从喇叭口门前逃开吗？原来，现在不再存在什么危险了，这位膜翅目的狩猎者只是在参观没有居民的住宅而已。当它探测丝管的时候，它很清楚那儿已经没有主人了。因为里面如果住着黑蜘蛛，它一定会早早地出现在门口。这使我们确信：只要黑蜘蛛还埋伏在丝织的堡垒里时，蛛蜂是绝不会进去的。

　　这只尖头蛛蜂视察过的漏斗网中，发现有一个比其余的更合它的意，它在寻找过程中曾数次返回到这里来进行过比较。在此过程中它还曾再次跑到放置蜘蛛的草丛处检查一番，甚至把那猎物移动到距离墙根更近一些。然后又回来仔细辨认一下它最中意的那个丝管。现在要开始搬运那个猎物了，这个相当沉重的猎物躺在离墙根几寸远的地方，它费了很大的劲把它运到了墙边。一旦到了墙边，蛛蜂似乎力量陡增，它竟然叼起这个重物倒退着缘墙而上。无论墙的表面如何凹凸不平、倾斜度变化不断，都不能阻挡它的前进（实际是在后退着上行）。蛛蜂一直在攀登，不择路径，它始终在后退着爬高，一直爬升到了两米左右的高处。那儿有块突出的砖石，这肯定是它事先已经侦察清楚的，蛛蜂把猎物先搁置此处，这里离它钟情的那个丝管不到20厘米之遥，它去到丝管作了最后一次视察，再回到蜘蛛身边。又经过一番奋斗，终于把它运到管子里去了。过了不太长的一会儿，又看到蛛蜂由管子里出来，它在墙上这里找找、那里找找，找了几块它认为合用的灰浆屑、碎瓦，运到洞口堵住，算是封了门。工程终于完事大吉，蛛蜂展开翅膀飞走了。

　　昆虫生态学者们随即就检查了这个奇怪的巢穴。只见蜘蛛四面不靠边地趴在丝管的尽头，就像伏在吊床之上。蛛蜂产下的白色圆柱形的卵紧粘在牺牲者背上的中央部位。看来尖头蛛蜂也不是把它的猎物和卵放置在自己建造的窝里，而是直截了当地就放在黑蜘蛛的家里。这个柔软舒适的丝管子原先是属于这个不幸的牺牲者所有，它也为蛛蜂的孩子提供了住所，又提供了食物。

# 野兽绅士帅呆酷毙　冷面屠夫心不在焉
## ——十月星座天蝎后裔生活纪事

　　"恐惧造出了诸神"，用现代语言转述就是：由于人们对诸多自然现象既无力抗拒，也无法解释，于是需要神祇来各司其职，其中包括了因其可怕而被神化了的蝎子。蝎子的尾针分泌的毒液含有剧烈的神经毒素，可致人、畜于数分钟内死亡，先民们不得不敬畏有加。时至今日，经过众多科学家的努力，通过在酒精中浸泡，再被解剖，蝎子的很多习性已经被人们广为熟知了，但对它的习性中的许多方面尚不能做出彻底的解释。不信请看，当影视屏幕上出现了一只威风凛凛的巨蝎，前面伸开两只螯钳，后面高举带钩的尾巴，在四顾无人的沙土地上、虎虎生风地疾走奔行时，人们仍然会不由自主地感觉脊背上冒出一股神秘的凉意。

　　在动物分类学上，蝎子曾同昆虫兄弟们属于同一类，后因其形态上的某些差异，最终被归入节肢动物门的蛛形纲中，因为它有8条腿（昆虫为6条腿）和胸部的8个呼吸小袋（昆虫没有）。蝎子中较早受到学者注意、在生态学方面被研究得较多的要数朗格多克蝎子。这是一种大型的蝎子品种，成虫的体长有8~9厘米，浑身呈稻谷样的金黄色。栖息地主要是在地中海北岸一线以南的温暖地带，包括非洲炎热的沙漠地区，亚、欧的温暖地区也广为分布。其常常在朝阳的山坡、多石的沙地、植物稀

朗格多克蝎子

83

少的荒漠地带等处居住。大部分时间它们离群索居。尽管人们在某个地方见到过很多蝎子，但不会见到两只蝎子住在同一块石板下。或者更确切地说，当一块石板下有两只蝎子时，必然是有一只正在吃掉另一只。后面我们将有机会看到这种凶狠的"隐修士们"以这种方式来结束它们的婚礼。

我们平常看到的蝎子由5节棱锥体组成的尾巴，实际应是它的后腹部，所以它的前面就包括结合了的头胸部和与之等宽的、由7个体节组成的前腹部。全身甲壳嶙峋，像是用刀一下一下地削出来的，却又凹凸不平，而且遍布着细粒状突起，形成一种原始的坚固武器，令别的昆虫和小动物望而却步。后腹部第五节之后有一个光滑的袋状尾节，这个有点像葫芦形的囊袋，是蝎子制造和储存毒液的地方。囊袋末端是一根十分尖利的、深色的弯钩形毒针。用放大镜便可看到针尖略向下处有一个张开的小孔，蝎子的毒液就经由这个小孔被注入伤口。蝎子的毒针又硬又锋利，人们手持其毒针可十分轻易地扎破纸张。由于毒针呈向后的弯钩形，所以尾部平伸时毒针的针尖就是朝后的。为了使用这个武器，蝎子必须把尾巴高高翘起来，然后将尾巴由后向前、自上而下地拍打。蝎子固定不变的战术就是以高举的尾巴弯向背部，这样向前击打时就能刺伤那些抓住它螯钳的敌人，以及被它的螯钳所抓住的猎物。因而蝎子几乎总是保持着这一种姿势，无论是行进还是休息时，它的尾巴都翘起在脊背上，极少有将尾部平伸之时。

蝎子最前方的那对螯钳，可像螯虾的大钳那样用于打仗及探听前方的信息。当蝎子爬行时，螯钳伸向前方，两钳张开，以便摸清前面有什么阻碍物。因为眼睛高度近视及严重斜视，所以对于面前物体的感知视力远不如螯钳的探触灵敏。例如当你看到人工饲养网罩下的两只蝎子正在一前一后地游逛，跟在后面的那只蝎子只顾向前走着，就像根本没有看见它的邻居似的。但是一旦它的螯钳忽然碰到了前面那位邻居，它会突然哆嗦一下，像是猛然受到了惊吓，此时它会立即后退一步，并拐到另一条道上去。因为同类相遇对它们来说可不是件愉快的事，有时甚至是很危险的。

蝎子的螯钳有着多种用途。当蝎子需要慢慢地、细细品尝猎物时，事实上蝎子每次吃食都是细嚼慢咽的品尝式进餐，此时螯钳便担当起手的作用，螯钳会把猎物夹住送到嘴里。需要进行攻击时，螯钳便会夹住敌人使其不能动弹，同时尾部的毒针便从背后向前方刺下去。螯钳从来不用于行走，既不起平衡作用也不用于挖掘，充当行走、平衡和挖掘职能的是蝎子的步足。蝎子的头胸部生有4对步足，每条足的端部具有一种类似于"钩爪"的结构，这使得看起来显得笨拙的蝎子能够在纱罩的网格上爬行，也能背朝下悬挂在网子下面。其腹部的附肢多已退化，仅留下一些痕迹。它的第一对腹部附肢左右愈合成生殖板，覆盖在生殖孔之上。第二对附肢则特化成为栉状器，由沿轴向排列的一系列小薄片组成，一片挨着一片，有点类似梳篦工具的结构，又称梳状板，属于蝎类所特有的一种器官结构。其功能据观察：一为爬行时可张开以平衡身体，二为交配时可借梳状结构的相互错合而利于雌、雄紧紧相抱。

蝎子头胸部的前端共分布有8只眼睛，分成3组。中间一组是两只很大很鼓、闪闪发光的复眼，有点儿像黑腹舞蛛的眼睛那样的、绝妙的凸透镜。看上去像是近视眼，因为眼球突出得厉害。上缘有结节状脊线构成的弯弯的睫毛，使之看上去显得颇为凶狠。光轴指向近乎水平的侧外方，几乎只能让它看到两侧的物体。另外两组各由3只单眼组成，眼很小，位置更靠向前方的两侧。每3只小小的凸眼排列成短直线，其光轴当然更是射向侧外方。总之，不管是小眼还是大眼，其所处位置和光轴指向均不便于看清前方的物体。

## 建立实验性蝎子家园

在野外寻找蝎子栖息地时，它们的住宅通常甚是简陋。当我们翻开那些较扁平的、稍大点儿的石块时，如果发现一个大口瓶颈那么粗、几寸深的洞穴，就表明这儿很可能有蝎子。俯下身来注意观察，就能看到住宅主人正守在家门口，两只螯钳大张，尾巴高高翘起，摆出防御的架势，正准备迎接你这位不速之客哩！有时住宅主人也会躲进一间较深的小屋，我们就看不见它了。为了探个准信，就得用一把便携的小铲掘几下。现在它爬上来了，挥舞着它的武器呐。嘿！当心你的手指呀！这时你可以用镊子夹住它的尾巴，将其大头朝下放进一个很结实的纸筒里，以便与其他俘虏隔离开，然后把这些可怕的收获物全部放进一个白铁皮盒子里。这样携带起来就很安全了。想靠在野外翻石板、砖块来观察蝎子的生活习性，显然太过辛苦，而且肯定会事倍功半。根据实验昆虫学家的经验，最好还是建立一个模仿野外蝎子生态环境的蝎子家园，必要时还可以在实验室内再建一个简单、小型的网罩沙罐。研究人员在这个按理想设计建造的蝎子家园里，可以真切地观察这些性情孤僻的、野兽型"绅士们"的日常举动。

相貌粗野、武器装备精良的蝎子们，有时却是个胆小鬼。例如有一个挣扎中的飞蛾，以其折断了的翅膀的拍打动作就能把它们吓跑。蝎子的饮食很有节制，从每年的十月到次年四月，期间六七个月的时间里它们深居简出，即使把食物放在面前，也会不屑于一顾。灵活的尾巴一甩就把食物远远地扫到一边。虽然如此，它们仍是精力充沛，动作也很敏捷。到三月底、四月初的时候，它们开始想吃东西了。蝎子需要吃活的猎物，和蜘蛛一样喜欢吃浑身抽搐着的、垂死的小型无脊椎动物，不吃尸体，而且要求猎物肉质鲜嫩、个头不太大。在人工喂饲的蝎子家园里，我们可以看到度过了漫长禁食阶段的蝎子如何捕食小甲虫的情况。

蝎子偷偷地向待在一边儿一动不动的小昆虫走去，完全没有打斗或追捕的惊险场面，甚至也没有屠杀的感觉，好像是拣拾落地的果子那样平静，然后用螯钳的两根指尖轻松地把那猎物夹起，然后不慌不忙地送到嘴边。蝎子吃东西的时候一对螯钳始终保持着这个姿势。活生生的猎物在蝎子的上下颚之间挣扎，这使得进食时不喜欢出声的蝎子老大不高兴。于是利剑弯向嘴巴的方向，轻轻地一下又一下刺向猎物，其目的是使后者安静下来。此刻，一方面是利剑不停地在击刺，另一方面是嘴巴在连续不断地咀嚼，就好像人们用刀叉或筷子把食物一点儿一点儿地送进嘴巴似的。此后这块食物经过数小时的仔细咀嚼和研磨，浆汁部分已被咽进了胃肠道，剩下的是一团干巴巴的渣子死死地卡在了咽喉部。这只已经吃饱了的蝎子既不能吞下这团渣子，也无力将之吐出来，这就必须动用螯钳来进行清理了。经过一番努力，终于由螯钳的趾肢节尖叉住那团渣子，将其从喉咙里取出来扔掉了。幸运的是蝎子吃完这餐饭之后，可以有很长一段时间不需进食。

在人工建立的蝎子家园里，黄昏时分，宽敞的玻璃围墙里充满了生气。不但可以观察到蝎子这种奇特的节食行为，还能够告诉我们更多的、有趣而罕见的生活细节。四月和五月是蝎子聚会和欢宴的季节，主人为它们提供了丰盛且种类繁多的食物。晚上快到8点的时候，野兽们开始小心翼翼地离开它们的洞穴——各自分别拥有的那块覆盖着的瓦片，先在洞口听听外面有什么动静，然后便跑到养殖园的各个角落，开始长时间地在沙地上散步旅行。这段时间里人们经常可以看到这样的情景：散步中的野兽们尾巴高高地翘着，但有时也会下垂地拖在身后，这取决于它们当时的心情以及遇到了何等样的情况。例如有些粉蝶折

小心翼翼地探索前行

断了翅膀而飞不起来，在地上胡乱地打转。蝎子从吵吵闹闹、陷入绝望的粉蝶中间来回走动着，撞到或踩着粉蝶也并不特别去注意它们。有时这些伤残者甚至爬到了恶魔的背上。对这种放肆的行为恶魔也并不理会，往往就驮着这个残疾者继续它们的散步。有的冒失鬼甚至蹦到了散步者的螯钳上或可怕的嘴上，这是多么危险的事情啊！可是什么也没有发生，蝎子碰都没有碰这些送到口边的食物。但情况也并不完全如此，因为有时也能见到粉蝶被捕获的情况。此时蝎子猛地把它举起，脚下不停地赶着路，螯钳像胳臂似地伸向前方摸索着探路，只用大颚叼着战利品。被紧紧咬住的粉蝶绝望地挣扎着，拼命抖动着的翅膀像一支白色的羽毛，在凶狠的胜利者的额前飘动。有时当咬在嘴里的粉蝶动得太厉害而使蝎子感到不舒服，它总是一边走着，一边便开始咀嚼，同时还用尾针轻刺猎物，使它安静下来。最后蝎子摔掉了粉蝶，它吃了什么呢？只吃了一个头。有的蝎子忙着把战利品拖到瓦片下面去，它们想在洞穴里安静地享用点心。还有的抓到猎物后便躲在一个偏僻的角落里，把自己的肚子埋进沙地里去，舒舒服服地细嚼慢咽起来。

当人们采用蝗虫作为喂饲猎物时，观察到的情形与使用粉蝶大致相似。夜幕降临时分，蝎子们迫不及待地从家里出来。沙土地上聚集着天赐的活物，听到蝗虫轻微的蹦跳声，正在散步的蝎子吓得逃走了。有一只蝗虫不巧落入了散步者螯钳的指缝间，散步者无须花费吹灰之力，只要把钳子稍微夹紧一些，就能得到一块好肉。但是宽厚的散步者没有合上钳子，毫不在意地让它溜走了。有一次一只绿色的飞蝗意外地落在了散步者的背上，但散步者仍旧平静地驮着它缓缓而行，并没有要捕捉这位不速之客的意思。有几次看到蝎子和蝗虫面对面地相撞了，蝎子有时后退着让出道路，有时则不客气地甩动尾巴把挡道的冒失鬼扫开了，但从未看到蝗虫因此而真正被抓住的情况，更没有看到蝎子因此而杀气腾腾地进行追捕的场面。往往要经过很长一段时间的观察，才偶然会有机会看见极个别节食期间的蝎子猎食蝗虫的情况。

四五月份是蝎子的交尾期。此时它们的食欲大开，摇身一变由节食转而眈于大吃大喝，现出一副狼吞虎咽的架势。人们往往可以发现蝎子在瓦片下平静地吞噬着自己的同类，就像在吃一只寻常的猎物。同类的整个身体都被嚼碎了吞咽下去，只有尾巴梗塞在饱食之后的蝎子的喉咙间，几天之后才被掏了出来。也许尾巴尖上那个毒囊的滋味也实在不合食客的口味吧。

如此惊人的食量绝不能理解为正常的进餐，这实际上只是婚礼的节目单中的一个节目。人们当然不会把那些在婚礼上相互亲密拥抱过程中发生事故的死难者也列入蝎子正常食物的菜单中。这只是昆虫们发情期间偏离常规的举动而已，属于可以同螳螂们悲壮的婚礼相提并论的、新婚之夜的狂欢节目。我们也不能把人类运用心机、巧妙摆设的丰盛宴席登记入这个清单。例如把蝎子安排在强大的敌人面前，并挑唆、怂恿它们大打出手。被激怒的蝎子会起来自卫，互相把利剑刺向对方，然后陶醉在胜利喜悦中的蝎子吃掉了战败者，这是蝎子庆贺胜利的方式。但若不是我们人类插手其中，进行了机巧的挑拨，蝎子决计不会进攻这样的敌人，也就绝对不会吃下这么大的猎物！

如果人们关心蝎子在不吃不喝的状态下究竟能存活多长时间？有一个实验应当可以回答这一问题。4只成年的健康蝎子，从十月份开始被分别隔离囚禁在有阳光和空气的罐子里，不喂食物和水，也没有虫子能进入囚室。观察发现，它们在漫长的囚禁岁月中，保持着正常的生活行为方式，既不变得没精打采，也看不出形容憔悴，它们的精神状态并不比定期进食的蝎子更差。它们挥动着多节的尾巴摆出威胁的姿势，来回敬实验观察人员。如果过于殷勤地抚慰它们，它们就沿着瓦罐的边沿跑开了。随着饥饿时间的延长，次年一月中旬有3只死了，最后一只活到了七月份。在经历了9个月的绝对禁食之后，它们的生命全部结束了。

## 爱情三部曲

在众蝎子杂沓与纷争的一片混沌之中，人们终于逐渐地看出了一条清晰的路数。那就是各式凌乱的小动作围绕着一根主要的脉络，各种纷纭的小插曲形成了一个主要的旋律：爱情的三部曲。

前奏——一只雄蝎子兴高采烈地从一群蝎子间匆匆穿过时，跟一只路过的雌蝎子打了个照面，那正是它要找的异性伴侣。对方没有拒绝，于是这一对就开始了它们爱情游戏的试探。它们额头抵着额头，两双螯钳互相勾在一起，尾巴使劲地摆动着，同时垂直地竖立起来。尾巴尖儿勾在一起，慢慢地相互摩挲着，轻轻地抚摸着，给人一种温情脉脉地互相爱抚的印象。也许两只蝎子毫无结果地匆匆离去，表示这只是一次逢场作戏的游乐行为，但是它至少表明了这一对雌雄蝎子之间存在着两情相悦的好感。在环境适宜的条件下，它们可能会再次走到一起，继续把爱情的游戏进行下去。而且观察的结果也认为，蝎子之间的婚恋和交尾，通常都会经历这种组成爱情金字塔的游戏过程。

散步——玩过爱情金字塔游戏之后的一对蝎子，如果没有匆匆地各自分散，就会进而开始它们的散步活动。这种属于爱情游戏的散步，实质上就是雌雄蝎子们已经开始了婚礼交尾历程的一个程序。此时蝎子们在环境氛围（气温、空气的电离放电，以及臭氧生成等各种气味因素的作用）和体内激素水

满怀闲情逸致的野兽"绅士"

平等的共同作用下，它们既兴奋又激动，会主动地寻求刺激。由雄蝎子伸出螯钳夹持了雌蝎子的螯钳，有点像两个人各自拉住了对方的手开始散步。雄蝎在前，它倒退着走，雌蝎在后被拉着走。走过一段路之后回头再原路走回来，仍由雄蝎在前拉着引路，雌蝎在后面跟进，而路线仍是原来的。有时它们也走走停停，但雄蝎的步足却在原地轻轻扒动着地面，始终未尝停歇，好像还在梳松着它们散步所经路面的泥土。

受精——在内外环境作用下的蝎子们情绪高涨，"手拉手"散着步。爱情

的刺激让兴奋而激动的蝎子如痴如醉、如醉如狂，散步的路上的泥土也已耕耙得足够疏松。此时雄蝎放慢脚步，同时前腹部逐渐放低使生殖唇处贴近地面，并从生殖孔排出一个精荚，斜斜地插在疏松的泥沙上。它把雌蝎徐徐拉将前来，到适当位置时轻轻向后下方一压。瘦长的精荚从中部折痕处"咔嚓"折为两截，上端呈叉状的半截刚巧轻轻插入雌蝎的雌缝。当精子进入雌蝎生殖腔之后，半截精荚便会自动脱落。

## 小蝎子的生活

蝎子的分娩时间是在炎热的七月下旬。朗格多克雌蝎常在一夜之间把40粒左右的卵产下来。在卵膜的紧紧包裹之下，小蝎子被压缩得像米粒那么点儿大，但具体而微，完全就是一个雏蝎。它额头上深色的小点是眼睛，尾巴紧紧贴在肚皮上，小小的一对螯钳折叠在胸前，两侧的步足紧靠着身体，这样使卵的外表圆润光滑，没有一点凹凸感，适于顺利通过雌蝎的产道。雏蝎产出前已在卵中完成孵化，所以可以认为它也像鲨鱼那样属于卵胎生的品种。这种生育方式在遥远的地质年代——古生代的石炭纪，第一只陆生蝎子出现时便已在孕育之中。

动物生命中的卵相当于一颗休眠的种子，最初为爬行动物和鱼类所专有，然后又为鸟类和几乎所有的昆虫所拥有。卵胎生现象是生物机体变得越来越精巧的见证，是高级胎生方式的序曲。那时卵的孵化不是在体外，而是在母亲的子宫里完成。

生物的进化并非一成不变地从低级到高级，从高级到更优等级这样地逐级循序演进，它有时是跳跃式的，大部分时间在前进，但有时也会出现倒退。例如在蝎子之后有不少新生的高级生命又恢复了典型的卵生方式。这就像海洋有涨潮和退潮，然后又出现更高的潮汐那样。生命是另一种海洋，生命的海洋远比江湖河海更为复杂、神秘，也更为深不可测。她同样会有涨潮和落潮，乃至更为复杂的多种演化方式！

　　包在卵膜中的雏蝎浮动于一滴透明的液体中，此刻，这一滴类似于羊水的液体就是雏蝎的整个世界——它的大气和一切物质及能量的来源。但是直到此时，这只已经具有全部身形的雏蝎也未获得其个体所亟须的自由。因为它太孱弱了，完全无力冲破那层薄如蝉翼、实质上也很脆弱的胎膜。

　　人们知道雏鸟自己能啄破蛋壳来到世间，是因为它稚弱的喙尖上有一层短期存在的硬茧，可当作挥舞一击之用的镐头。小山羊则依靠母亲用舌头舔去被身的胎膜，才能从襁褓中获得解脱。可以看到一些被黏液粘住的雏蝎在已经撕了一个裂口的胎膜里隐隐晃动，但仍然无力挣脱出来，它要靠雌蝎子继续用嘴咬开和剥去胎膜，才算完成分娩。在此，我们将有机会看到生命历程中十分精彩壮丽的一幕：雌蝎子用大颚尖轻轻咬住卵外面的被膜，将之彻底撕裂、剥脱并吞入腹中，再小心翼翼地剥净新生儿体表的一切牵绊，就像雌猫剥吞胎膜时那么温柔、小心。要知道雌蝎子使用的工具是那么的坚硬和粗重，小雏蝎此时的肌肤却又如此地柔嫩，但凭着母性的本能它们举重若轻地完成了这种精巧的工作，从不扭伤或挫伤雏蝎的身子，怎能不令人叹服。

　　雌蝎子干得非常漂亮、非常出色。它把分娩所留下的一切附属物，包括与正常卵胎一起排出的那些不孕卵都打扫得干干净净，所有的残余物都回收到了母亲的肚子里，为分娩而准备的场地也收拾得一干二净。这样，我们所看到的只有剥脱了胎膜的小蝎子，它们干净整洁，而且自由自在。此时的朗格多克小雏蝎全身呈现白色，从头至尾有9毫米。完成分娩之后，小雏蝎便一只接着一只地爬到母亲的背上去，雌蝎则把螯钳平放在地上来接纳自己的孩子们。小蝎子不慌不忙地顺着螯钳往上爬，一个接着一个往上爬，一个挨着一个地聚集到一起。它们见缝插针地排列起来，于是在雌蝎子的背上形成了一件白色的"披风"。小蝎子们的小爪子互相勾连着，使得大伙儿稳稳当当地贴在母亲的背上。如果此时我们用一根草棍试图去靠近那些小雏蝎们，披着白色"大氅"的雌蝎子立刻就会威胁地举起螯钳，摆出一副即使平时自卫时也很少采取的架势。可能考虑到背上孩子们的安全形势，它只运用两支螯钳摆出随时准备还击的"拳击家"的姿势，钳口愤怒地大张着。雌蝎不再挥舞尾巴，以免剧烈的动作会使一些小蝎子摔下来。但是人们并不照顾雌蝎子的情绪，灵巧地一下拨弄，终于让一只小蝎子跌落在不太远的地方。雌蝎子其实并不担心这点儿事故，因为它原先似乎倨傲地伫立着；现在虽然出了事，但仍然胸有成竹似的、一动不动地待在原地，只把一只螯钳伸将过去。原来，摔下来的小蝎子自己就能摆脱困境。你看小蝎子自己活动活动身手，一会儿够着了母亲的那只螯钳，便迅速地爬了上去，重新加入了弟兄们的行列。这一次我们加大了力度，使几只小蝎子同时被拨、摔到更远一点的地方。小蝎子们有点儿含糊了，稍稍迟疑了一会，开始不明方向地乱走起来。雌蝎子这才感到事态有些严重了，需要亲自加以干预，便挥动两支螯钳的肢节，像胳膊似的贴近地面轻轻一刮，把走失的孩子们掳了回来。母鸡用咯咯的温柔呼唤召回走散的小鸡，蝎子却用粗笨的"耙子"把小孩子往回搂，好在并未把柔弱的孩子们挫伤。它们在接触到母亲粗硬的胳膊时就迅疾地爬回到雌亲的背上。在此基础上，观察人员再一次加大实验的力度，用毛刷把一小群白色的小蝎子掸落下来，使它们掉落在另一只背上驮着孩子的雌蝎子身旁。此时那只雌蝎子也像对待自己的孩子一样用双臂把它们搂了起来，驮在自己的背上，有点儿类似舞蛛收养别人的孩子那样。当然实际也谈不上收养一说，这只是母蝎们盲目的本能行为，它们分辨不清自己的还是别人的孩子，因而收容了所有聚集在它们身边的孩子们。有点不同的是舞蛛母亲经常背上驮着孩子散步，可是别指望我们的蝎子妈妈也会做出这种"有失体统"的事儿。蝎子做了妈妈之后，总是在很长一段时间里不再出门，即使晚上当别的蝎子散步时，它仍把自己关在窝里，不思饮食，专心致志地照顾着孩子们。

## 碎蜕——雏蝎的变态

我们已经看到这些小蝎子的身体结构跟成年蝎子基本相同，可说是具体而微。但是它们在成长为真正的成蝎时仍然要经历一次类似于从幼虫变为成虫的

心广体胖的雌蝎

内在生理变化的过程，属于一种不完全性变态。以常见的蝗虫为例：在蝗蝻直接变为真正的成蝗过程中，蝗蝻就是幼虫，它们也被称为若虫。仿此例，蝎子的幼虫也可称为若虫或雏蝎。这种幼虫阶段的雏蝎，其外形轮廓显得不那么线条分明，总像雾里看花似的笼罩着薄雾轻纱，似乎有一层朦胧水汽。雏蝎变为成蝎时先要经历一次表皮的"碎蜕"，这次碎蜕与以后伴随蝎子逐次长大所经历的几次真正的蜕皮有所不同。蝎子在每次蜕皮时，外皮均自胸廓裂开，虫子从此唯一的裂缝处钻出，蜕下一层干巴巴的皮壳，蜕下的皮壳同蝎子的外形一模一样，保持了昆虫的真实轮廓。发生碎蜕的变态时，雏蝎们静静地待在雌蝎的背上一动不动，虚弱得就像快要死去似的。然后身体的前后左右多个部位的表层皮肤同时开始裂开和蜕皮：步足蜕去了"袜筒"，螯钳蜕去了"手套"，尾巴也蜕去了外套，胸、背等各部位的旧皮也同时都纷纷脱落下来，既不是整片的，也不依照一定的顺序，蜕下的皮都是白色的碎片。整个碎蜕过程持续约一周时间。经过碎蜕之后的小蝎子立即显得周身轮廓清晰，动作也更为敏捷。它们很是急不可耐地下地嬉戏，在雌蝎的身边灵活地小跑着。更令人吃惊的是它们忽然之间就长大了，原来9毫米的身长变成了14毫米，几乎增加了50%，体积也明显变大。它们碎蜕下来的皮很光滑，而且并不掉在地上，只是一条条、一块块地附着在雌蝎子的背上，交织成一块"呢毯"。蜕过皮的小蝎子趴在其上休息，显得更加安全和舒适。小蝎子们如果掉下来，它能非常迅速地回到妈妈的背上，其间只需抓住"毯子"的流苏，用尾巴作为杠杆，翻身一跃便可立即回到位置上去了。这块奇妙的"毯子"为小家伙们的攀登提供了有效的支持。这层"毡毯"附着在雌蝎子的背上大约一周的时间，然后就会自动脱落下来。最后雌蝎的背上什么也不会留下，小蝎子们也跟着下到了地面上，分散地活动在母亲的身体周围。

此时，小蝎子的身体开始染上自己的颜色，肚腹和尾巴显现出稻谷那样的金黄色，螯钳闪烁着柔和的光泽，就像半透明的琥珀。青春使一切都变得美好而可爱，小朗格多克蝎子竟然也容光焕发、如此美丽，简直就是一件活泼的珍宝。如果不是因为它们很快就会装备上可怕的毒囊，完全有资格成为人们的宠爱之物。您瞧小蝎子和雌蝎在一起打盹时的情景，就跟鸡妈妈和小鸡在一块休息时同样地温馨、同样地感人。大多数小蝎子紧挨着，依偎在母亲的身边，不停乱动的孩子则有的钻到母亲的肚腹下面，在那里缩作一团，只露出闪着黑眼睛的额头；也有不安分的孩子喜欢上了母亲的大腿，把它当成秋千架，在上面吊着玩耍；还有更淘气的攀登到了母亲尾巴的涡旋之顶，似乎要在那儿享受一番制高点上俯瞰一切的乐趣。

## 走向独立

但是，小蝎子们！可爱的小生灵们！你们这些出生在玻璃宫阙的小东西们！你们来到这个世界已有两个多星期了。你们已经发育完成，具有了独立生存的能力，胃口已开，想要吃东西。你们想离开这个狭窄的"故乡"去外面闯世界，而且你们也的确不再适合与父辈们生活在一起。因为从此以后对老蝎子而言，你们就成了外来之敌。那些胸襟偏狭的恶魔不会再容忍你们，包括你们的母亲也不会赦免你们，它们的嫉妒心极强，会在结婚的季节吃掉你们。现在外面是暖热的夏天，那些火热阳光照耀下的岩石山冈正在召唤你们呐！去吧！到大自然的怀抱里去吧！有好多跟你们同龄的小伙伴正在等着你们哩！在那高高低低的丘陵上、大大小小的石块下，更适合你们为生存而进行艰苦的斗争。

# 母亲机智安排 婴儿巧妙进食
## ——小议昆虫幼儿饮食技巧的复杂性

　　昆虫幼虫来到世上的第一口进食就意味着生命历险过程的开始，随后的每一次咬噬均充满了天生的机智、勇敢和技巧。作为生命传递者的虫妈妈已经处心积虑为它们的后代安排了既营养可口、又安全卫生的食物，但它的规则是要求幼虫必须严格按照程序进食，决不可轻越雷池一步，否则就必定坠入，万劫不复的深渊。每一条幼虫在结茧变蛹之前需要不断进食，在它们逐渐变得肥硕和强壮的几天到十几天的过程中，小幼虫们始终在小心翼翼地咬噬着昆虫妈妈为它精心安排的食物。在我们看来，它们那危机四伏的环境充满着诡谲变幻的传奇色彩；它们的行为既谨慎机智、又战战兢兢地如履薄冰，但又透出一种胸有成竹、泰然自若的心态。


## 圣甲虫

　　深谙几何学的圣甲虫妈妈自己吃的是骡马等大牲口的粪便，缺少脂肪、充满草茎等粗纤维；为孩子们准备的则是精选上等的绵羊排泄物，是那种更加黏腻而含有适量脂类的物质，甚至不无夸张地说，对它们而言是富含营养素的汁液。利用它的油腻和黏性，圣甲虫妈妈将之加工成形状规整的椭球形，使其表面积达到相对最小；然后又将表层几毫米的薄层压实，使之变硬如鸟卵的壳。这些因素均能减少食物中水分的散失。为了有利于宝宝的孵化和安全，圣甲虫妈妈在粪球的一端再塑造一个相同品质的突出的小球体，使整个育儿粪球略呈一个横卧的、迷你型小香梨的形状——一个标准的球体上突出一个稍小的梨形把。附带描述一句：球体和梨形把的连接线条也颇具艺术性，流畅平滑得无可挑剔。

圣甲虫妈妈在梨形把的顶端制造出一个周边光滑的椭长形洞穴，一端冲着巨大的球体，另一端开口于梨形把的末端。这就是圣甲虫宝宝胚胎的孵化室和未来的育儿室。白色长柱形的圣甲虫卵以其头端紧紧粘连在邻近大球体那端的壁上，整个虫卵就这样直挺挺地横伸进椭长洞穴，不依不靠，周身包围着一层空气。这层静止的空气既隔热、又保温，同时还可提供呼吸所需的氧气。虫卵尾端所向的洞口被轻轻塞上的粗纤维所封闭，且不经压实以免损伤虫卵。这就是整个育儿室维持与外界空气交换的窗口。

圣甲虫宝宝凭着夏日阳光赐予的温热，经过7～10天就能从卵中破壳而出。这个小小的生命苏醒之后的第一件事是吃第一口食物，也就开始了生命历险的第一步。

此话从何说起呢？幼虫吃的乃是虫妈妈为它精心准备的优质细软粪料，即它所在居室墙壁的内层。圣甲虫育儿粪球除了外壳的几毫米厚度是经压实而自然硬化者外，其内层特别是内层墙壁，均为当初虫妈妈精选的上佳育儿食料，松软而富有营养。现在问题终于要提出来了。圣甲虫幼儿开始嗷嗷待哺，急于咬噬育儿室的内壁以解饥渴。既然其身边的内壁到处都是香糯可口的松软"蛋糕"，那么幼虫可以随心所欲地任意取食吗？显然是不可以的，而且是决不容许的。道理并不复杂：幼儿所在育儿室的四周板壁很薄，它经不起好胃口的小家伙几次咬噬就将墙破壁穿。外面的干热空气大肆涌进，将使室内的松软"蛋糕"很快干燥变硬，再也无法食用；更不用说如果破洞过大，幼虫就会跌出洞去，再也找不回来，其下场之悲惨就毋庸赘述了。那么，怎么办呢？本能使得幼虫一定从头顶前面厚厚的墙壁开始吃，并一直吃向巨大主体粪球的中心。

随着弱小幼虫一边吃食、一边向前进，躯体逐渐长大，粪球中心形成的空腔正好成为肥肥胖胖的虫宝宝盘踞栖身之地。等到巨大球体逐渐被掏空，只剩下外周的硬壳之时，幼虫已经完全长成，它会在硬壳之中不吃不喝地化蛹。然后它在原地静卧不动的等待中，最终成为新一代的圣甲虫成虫。这便是圣甲虫幼虫化腐朽为神奇的一段成长历史。

## 土蜂

土蜂是膜翅目昆虫中既强壮威猛、又硕大无朋的品种。从个头大小方面看甚至可以与戴菊莺（北欧的一种食虫小鸟）及小型的蜂鸟相比拟。具有螫针的蜂类中最勇猛、最威武的品种如木蜂、熊蜂、黄边胡蜂等，到了某些土蜂面前也都显得大为逊色。土蜂中的巨人——雌性花园土蜂身长4～5厘米，翼展宽度可达10厘米；黑色身体上有黄色斑点，翅膀琥珀色，泛着淡淡的紫色光芒，硬邦邦地显得十分强壮。硕大的身架，前面支撑着结实的头部，头的外层套着坚硬强韧的头壳。土蜂的脚爪粗壮有力，排列着数排粗硬的短毛。请注意！这些就是它们在情况需要时能快速钻入土层的有力工具，而这一特征性的行为也是其族类得名的由来。

雌性土蜂孔武有力，但行动有些笨拙，飞行显得费力。虽然飞起来似乎无声无息，但航程往往较短。它们来到这个世上的任务好像就是繁殖后裔，传宗接代。它们虽然同样属于捕猎性膜翅目昆虫，同样喜欢吸食刺芹等头状花序植物的蜜汁，但它们在营造巢穴方面却与其他杂食性膜翅目昆虫显得不同。土蜂具有钻越土层的能力，但却不挖掘自己的洞穴，因而没有固定的居所；而且也不为幼虫建造与外界有通道的小屋，实际上只是找一条身处地下的、可供幼虫食用的活的蠕虫，在其身上适当部位产下一枚卵，此外就再也不操其他的心了。

具体情况是这样的。雄性土蜂比雌性土蜂成熟更早。炎炎的夏日八月，林中那片沙土地的周边遍布着绿莠莠的橡树丛，浓密的灌木丛下松软的沃土层上覆盖着多年的腐朽落叶。有几只年轻的复背土蜂在贴着地面飞来飞去，它们体态轻盈，动作灵巧，很容易判断出是雄性，是今年刚成熟的新一代雄蜂。随着午后天气的愈益炎热，蜂儿逐渐越聚越多，由几只增加到了十几只。它们贴近地面款款地飞着，沿着地面来来回回地飞着。有的蜂儿飞落到地面上用触角轻轻地拍打着土地，似乎想知道土层下面有什么事情在发生；接着它又飞起来加入那些来回

花园土蜂

穿梭的行列。放着不远处刺芹花满溢的蜜汁佳肴于不顾，它们在辛辛苦苦地追求什么呢？答案还颇有点儿罗曼蒂克的味道。原来现在是土蜂成熟的季节，它们正满怀热情地在等待着新羽化的雌土蜂破土而出哩！不大一会儿，果然有一只雌蜂在众雄蜂的期盼下钻出地面，雄蜂们立即一拥而上，拼命地争风吃醋、肆无忌惮地进行挑逗。雌蜂急急忙忙，连掸掸尘土、擦擦眼睛的工夫都没有，立即展翅飞起来，身后有好几只雄土蜂兴奋地追随着，一会儿就消失在了远方。昆虫学者们知道它将同其中一只雄蜂喜结良缘。当然这群雄蜂之间将先发生一场不太激烈的争斗，以便决出这位胜利的幸运儿。雌土蜂受精之后就开始着手为它的宝宝们安排一个吃和住的场所。

怀孕的土蜂运用其特有的本领，在疏松的腐殖土堆上寻找土层下它所中意的小虫——金龟子的幼虫。有关研究认为土蜂妈妈是在利用它的触角轻轻敲击地面之际、适时发出一种超声波透入土层深处，如果探测到土下栖居有金龟子的肥胖幼虫，土蜂妈妈就会用头拱、用脚挖，迅速地掘地前进，就像神话中的土行孙[①]那样。它到达肥胖的金龟子幼虫身边时，就会在时刻崩塌着的、昏暗的沙土里立即发起攻击。

研究资料表明，土蜂为自己的宝宝所准备的猎物都是金龟子类胖胖的幼

注①：神话小说《封神演义》载，土行孙有土遁术，可于地下数尺深处任意迅速行进，地面不留痕迹。

虫。例如花园土蜂选择的是葡萄根蛀犀金龟的幼虫，复背土蜂选择的是金匠花金龟幼虫（金匠花金龟主要包含3类金龟子：金色巨耳金龟、长吻蛱蝶金龟和花金龟），断土蜂则以细毛鳃角金龟或早晨鳃角金龟的幼虫为猎食对象。

现在来了解一下以金匠花金龟幼虫作为食物的小土蜂的进食技巧。图中所示那胖胖的金龟子幼虫平均身长为30毫米，体宽9毫米。正常情况下只要受到惊扰，这个硕大强壮的虫子会像刺猬那样立刻蜷起身子，那没有抵抗力的尾端及柔软的腹部会紧紧裹在螺旋体的内侧，具有强有力大颚的坚硬头部则位于螺旋体的外侧，力量相当强劲。如果人们一定要强行掰开它的身子，就很可能会突然弄断了这个桀骜不驯的螺旋环，使之内脏迸裂、体液四溅。这类幼虫腆着它们沉甸甸的大肚子躲在地下，以腐殖土或植物的根茎维生。个个体质健壮，能在艰苦的环境中保持膘肥肉厚的丰满体形。雌性复背土蜂要成功地对付这么一个棘手的对象，要把这个胖大虫子变成俯首帖耳地听凭土蜂宝宝——那个弱小幼虫任意宰割的盘中之餐，显然是亟须技巧的。

从已经掌握的知识来看，整个过程应该是这样的：土蜂妈妈在土层下抓到那个金龟子幼虫时，胖大虫子的第一反应就是立即使劲扭动身子蜷曲成螺旋环，尾端和腹部藏在内侧，头和背部在外，张开大颚摆出咬噬的姿态。土蜂妈妈当即抓住头

金匠花金龟及其幼虫

顶、顺着外侧往下在颈部狠狠蜇下一针。于是金龟子幼虫受到麻醉，逐渐松开了身子，丧失了逃跑的能力。就这样土蜂妈妈摆平了胖虫子，然后让它乖乖地肚腹朝上，随即产下一枚卵固定在金龟子幼虫腹中线上偏后之处。虫体靠近土蜂卵的区域也许由于内脏里食物的缘故，皮肤呈现出褐色斑块，将来幼虫孵化之后，就将从斑块处开始它的攻击。

土蜂妈妈产卵之后，便会抛开这个谋杀现场动身去寻找下一个牺牲者了。附带说明一下，既然土蜂妈妈来到这里的时候不是循着一定的通道，自然，离开的时候也就是随心所欲地钻了出去而已。它们凭着自身有力的上颚、坚硬的头颅和强壮带刺的腿爪，可以在流动的土里随意地开辟道路去寻找金龟子的幼虫，就像鼹鼠钻土寻找蛴螬那样。

在温湿的土壤里，土蜂的卵终于孵化了。小幼虫刚刚蜕下的那层薄薄的皮还附着在尾部，它的头固定在卵紧贴过的地方，就是那块褐色的斑点处。这个弱小的生命使出吃奶的劲儿钻咬着金龟子幼虫的肚皮，就这样开始了它的冒险生涯，铆足劲儿1小时又1小时地坚持着。渐渐地金龟子幼虫的肚皮总算被咬破了，新生儿的头终于探进一个流着血的洞——圆圆的伤口里。这些血液营养丰富、易于消化，可被大量吸收。小东西就像吮吸乳汁那样开始吞噬这个庞然大物。凭着土蜂妈妈的精心安排，小小的新生儿毫不犹豫地大口吞噬着这个体积比它大了几百倍的大家伙。随着时间推移，土蜂小幼虫不断地吃着、长着，它的头越来越深地钻进金龟子幼虫的肚子里。为了能够穿过皮层钻进细细的洞里去，它身体的前端也变得越来越细长，小虫的形状变得很奇怪。小虫身子的后半部始终保留在猎物体表的原先部位，其形状大小跟普通膜翅目昆虫的幼虫差不多；身子的前端却变成仿佛是以在猎物腹内钻出的狭长通道为模具所塑造成的纤长的样子，这部分会一直待在金龟子幼虫的腹内保持到吐丝织茧那一刻。这种体形，同其他吃一个身材魁梧的庞大猎物的膜翅目昆虫的幼虫是一致的。例如朗格多克飞蝗泥蜂的幼虫吃庞大的距螽，毛刺砂泥蜂的幼虫吃它的供体食物——大块头的灰毛虫时都会出现这么一个阶段性的奇形怪状。

那么，土蜂的幼虫吃其庞大食物的过程，是否就像我们看到的那样一帆风顺、平安无事呢？我们首先质疑它始终埋头在食物体内，既不抬头也不拔出脖子来，这样毫不放松、牢牢守住一点的吃法究竟有什么必要，这种特殊的进食技艺其要旨何在？我们且来打扰一下那小家伙淋漓酣畅的埋头大吃吧！为使小东西的细长脖子不致受伤或被弄疼，要让它从牺牲者的腹腔中缩回它的长颈可真是费劲。实验人员耐着性子用软软的毛刷反复地摩挲它，经过多少次的伸缩，小东西好不容易才把头退了出来。然后实验人员又把金匠花金龟子幼虫翻了个身，以背部朝上的姿态趴稳了，把刚才的小虫摆放在金龟子幼虫的背上。整个下午实验人员一步不离地监视着，看它将如何进食。只见它的小脑袋这儿嗅嗅，那儿闻闻，不住地东碰西凑，似乎始终找不到一个中意之点。经过了24小时之久的禁食之后，它应该是很饥饿了，但它只是着急地躁动不安，仍然不能下决心从哪里开始吃食。看来如果继续让它待在这个猎物的背上，非被饿死不可。于是实验人员让一切恢复原状，将大虫子翻过来肚腹朝上地躺卧，曾被从伤口中驱赶出来的土蜂幼虫被放回大致是原先的位置上。它经过一会儿的犹豫终于又找到那个流着血的洞后，便伸长颈子一点一点儿地探进到金匠花金龟子幼虫的腹中，并且逐渐地恢复到起初的状态。

实验到了这个阶段，仍然可能产生完全不同的两种结果。一是这条幼虫可能完全找对了原先开始的那种吃法，它生长发育正常，最终能结茧成蛹。但也有另一种前途，这时金匠花金龟子的幼虫很快变成褐色并开始腐烂。随之而来的是土蜂的幼虫也逐渐变成褐色，一动不动地肿胀起来，被变质的食物毒死了。这意味着这条受到惊扰的幼虫、虽然最后又回到了原先咬噬的洞穴，但并不一定完全找得到最初蚕食的通道。因为它既可以向前，但也可以朝向上、下、左或右方掘进。它要找回原先的感觉，只能在大虫子的腹内脏器间开始冒险。它的迷惘使它变得犹豫和笨拙，它的饥饿和惊慌使它急躁和易于出错。几口误差较大的噬咬很可能断送了金龟子幼虫的生机，进而也断送了自己的生命。

有一个实验可以帮助我们理解这一事实。把一条土蜂的幼虫放在肥大的金龟子幼虫的肚腹上，不同的是这条大虫子是生机勃勃、未经土蜂妈妈施术麻醉过的。但利用细金属丝的巧妙捆绑，使它同样无法动弹，既不能扭动臀部，也不能用腿和上颚威胁小幼虫的安全。不仅如此，实验者还完全模仿土蜂妈妈的样子，用小刀尖在大虫子腹部那个有褐色斑块的地方划破一个小口子。新鲜血液冒出来的地方立刻吸引了小虫子，它毫不犹豫地开始在此吮吸和大嚼起来。渐渐地它发育成细长的脖颈已经深深地伸进了牺牲者的肚子里。两天以来小虫子贪婪地进食和成长着，一切显得情况发展平稳，但实际上却是好景不长。因为终于发现粗壮的金匠花金龟的幼虫僵硬起来，土蜂幼虫也死了，是被腐败的猎物所产生的肉毒胺毒死的。它先变成褐色，然后肿胀。前半个身子依然钻陷在有毒的尸体中。

　　分析发生这一事故的情况，并与正常土蜂幼虫的生活条件进行比较，原因应该是显而易见的。原先小土蜂在妈妈为它选好的那一点、即卵产下时前端固定的那点开始吃，随着脖子的伸长越来越深入地蚕食着牺牲者的内脏和体脂。但这一切都具有一定的程序和条理：先吃血、肉和脂肪组织；然后是不太重要的、即使吃掉后仍能让金龟子幼虫维持一线生机的器官和组织；最后才是那些一旦失去将无可挽回地导致机体死亡的内脏和神经组织。于是，迄今始终保持着新鲜的大幼虫，其生命之光终于完全黯淡。实际上它这会儿几乎只剩下一张空皮囊。肥肥胖胖的土蜂幼虫则精神抖擞地从皮囊中探出头来，准备抽丝织茧变蛹，从而完成其整个变态、成长过程。

　　分析上述进食过程即可明白，这是一种非常聪明的吃法。其特点是从次要器官开始吃，然后才吃到主要器官，以保证剩下的机体部分维持生命机制。其前提是猎物本身对被咬噬保持一种听之任之、毫无反应的状态，既不挣扎反抗，也不痉挛颤抖。这与人为的实验条件显然就有极大区别。未经麻醉的大虫子对咬噬的疼痛会激烈反抗，虽然被金属丝捆绑后不能随便动弹，但遭到小虫子蚕食时却无法控制其疼痛反应。它的肌肉和内脏都会激烈地痉挛和颤抖，使小虫子无法平静地实施其"聪明的战略"。受到惊扰的小虫子也就无可避免地会出错，一旦发生某次错误的咬嚼，就会一刀误中要害。于是大虫子伤重而死，小虫子也在劫难逃而中毒身亡。

## 黑胡蜂

　　膜翅目昆虫黑胡蜂的样子略如图中所示：包裹着胡蜂的外衣，身上黄黄黑黑的；细腰纤纤，步态轻盈；起飞动作安详，飞行中也静悄悄地了无声息。但是自然界中实际的黑胡蜂却绝不是什么优雅娴静的谦谦君子，相反，它们原是巧取豪夺之辈，专事凶残屠戮的猎杀职业。我们所接触过的一些捕猎性膜翅目昆虫们，都十分精通螫针技艺。它们显示的外科手法，宛如深得生理解剖学专家的教益，常常令我们惊叹不已。但是这些高明的杀手们自己建造的住宅却又往往粗陋不堪。一条泥土中钻出的过道，加上尽头处一间凿土而成的蜂房，充其量也只是个挖土工的作品。虽然它们孔武有力，但在艺术方面可说是绝无才能。相比之下，黑胡蜂可就很不一样

了。它们才是真正的泥瓦匠，能够在露天下建房，而且是灰浆砌石的结构。图中的阿美德黑胡蜂，当它的窝建在不受任何妨碍的平面石块上时，它的窝就会是一个规则的圆屋顶或是一个半球体的帽状拱顶。屋顶的最高处开一个够它进出的狭小通道，上面加一个很漂亮的细颈口。整体均由泥灰浆建造，

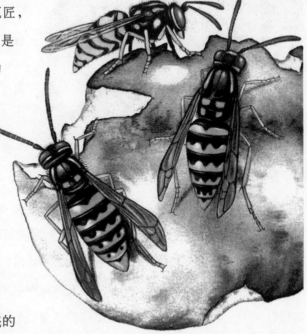

黑胡蜂在啃食苹果

呈现出一个相当美观的凉水瓶的外形。其所用的泥灰则是由黑胡蜂在山间小径或附近的大路上选择干燥处挖掘而来。那些经大颚尖扒咬所收集到的一点点粉末，再用唾液浸湿便可制成泥灰浆。用此种泥灰浆塑造成墙壁，等到凝固后就成了不透水的墙。这个泥瓦匠艺术家还喜欢挑选一些砾石，主要是石英粒，趁凝结硬化之前填嵌到墙壁里。这些石英粒光滑、半透明，能反射阳光，在日照下显得璀璨闪烁，令人赏心悦目。更令人惊奇的是常可发现其蜗居的圆球形拱顶上会镶着几粒空蜗牛壳，是那种在干旱的斜坡上可以找到的、个头最小的条纹蜗牛的壳，被阳光晒得褪成了白色。黑胡蜂最喜欢挑选它来装饰自己的家，似乎这就是它的艺术收藏品。但往往还不光是作为收藏品，更是重要的建筑材料。有的黑胡蜂的窝几乎完全用这种蜗牛壳代替了砾石。

阿美德黑胡蜂

在阿美德黑胡蜂的窝里，人们可以看到昆虫妈妈为后代备下的食物：一些经过粗略麻醉过的小个子毛虫，也就是小蝴蝶的幼虫。根据文献记载，即使岁月流逝，地点各异，黑胡蜂恪守着祖先的饮食习惯，口粮品种始终不变。这种小毛虫身长16～18毫米，宽约3毫米。除头部以外，身体可分为12个节段。前3个节段长着真腿，4、5节段无足，6～9共4个节段带有假腿，10和11节段无足，最后的末端节段也有假腿。蜂房里储存的小毛虫很多，而且数目还有变化。有的窝里是5只毛虫，有的窝里增加一倍达到10只之多。阿美德黑胡蜂发育完全之后，雄性的个体比雌性小，其体积和重量只及雌虫之一半，因此雄虫生长发育过程中所需消耗的食物总量可能较雌虫就少了一半。如此看来，食物丰盛的蜂房应是培育雌虫的房室，而供应较差的就是雄虫的房室了。

　　与前面谈到的节腹泥蜂和土蜂的幼虫的进食环境很不一样，黑胡蜂幼虫的食物不是一头既不反抗，也不会动弹的大个儿猎物。伴随黑胡蜂幼虫的是一群小毛虫，虽曾经过虫妈妈的螫刺炮制，但并非完全不能动弹。它们的大颚会咬住碰到的随便什么东西；臀部会卷起和伸直；当被针尖轻轻拨弄时，身体的后半截会像鞭子似的抽打过来。在这堆蠕动着的毛虫中，卵又该产在哪个位置才合适呢？这个毛虫堆里，有多至20个大颚门牙可以咬破卵膜，把幼虫咬出一个个窟窿；有80双能蹦会踢的腿脚，可以撕裂幼虫的体肤。这些利爪和尖牙组成了可怕的捕兽器，能撕扯和破碎一切落入其中的柔弱小生命。黑胡蜂的卵只是个小小的椭圆柱体，像水晶似的透明，非常娇嫩，轻轻一碰就会挫伤，稍微一压就要碎裂。这样的卵显然不可能平安地生活在这样的猎物堆里。研究黑胡蜂的昆虫学家曾经不止一次地从它的蜂房里拣出过已经有半截身子变成了蛹的毛虫。这从另一角度证实，黑胡蜂妈妈对毛虫所施行的手术麻醉不深，既不影响

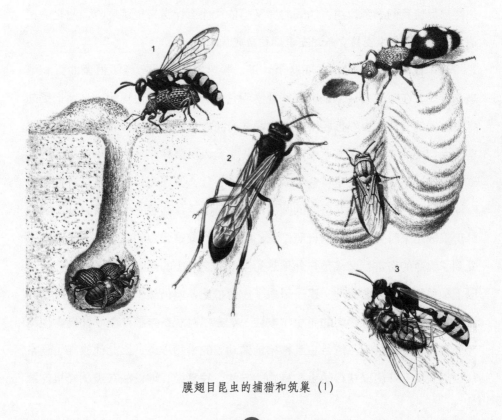

膜翅目昆虫的捕猎和筑巢（1）

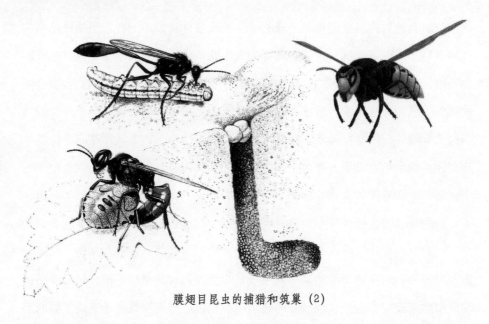

膜翅目昆虫的捕猎和筑巢（2）

毛虫的正常代谢，而且被施术者还保持着相当强的生命力，能继续蜕皮变蛹。这些都促使我们思考，这么幼弱的卵又是依仗什么计谋来规避风险，使之能在遍布敌人的堡垒里安身立命，安全地发育成长的呢。

为了找出这个答案，发现这个计谋，科学家还真是历经了很多曲折和艰辛。首先，在野外条件下是不可能观察到它们的完整发育过程的，必须把黑胡蜂蜂房里的猎物和虫卵搬回实验室内，才有可能进行仿真模拟和全程跟踪的观察。而初期的实验却又毫无成功的希望，实验人员眼睁睁地看着小幼虫始终是碰都不碰一下食物，硬是可怜兮兮地饿死了。什么原因呢？也许是在拆卸碉堡时挫伤了幼虫？用刀撬开坚硬的圆屋顶时掉下的碎片硌着它了？将它从黑暗的蜂房里取出来时外面太强的日照把它们吓住了？或是强烈的紫外线干脆让幼虫受到了致命的伤害？又或是户外干热的空气把它身上的潮气吸干了？人们针对以上种种猜测小心翼翼地、逐一采取了应对措施，但仍然未能显示任何成功的希望。后来法国一位伟大的昆虫学家让·法布尔对观察方法产生了怀疑，他认为卵和最初的幼虫不可能待在乱糟糟地蠕动着的猎物堆里。因此他放弃了通常从顶部硬撬开蜂房以获得幼虫和猎物的方法，独具匠心地设法在黑胡蜂巢的圆屋顶下面适于观察的一个侧面精心凿开一个窗口，从这个窗口看进去终于发现了黑胡蜂的卵和幼虫在早期平安取食的真实场景。原来黑胡蜂并不像其他捕猎性膜翅目昆虫那样把卵直接就产在猎物的身体上，诸如腹部或背部，而是别出心裁地用了一根蛛网丝那么细的细丝，把卵悬挂在了圆屋顶的天花板下面。如果轻轻地吹一下，娇嫩的圆柱形的卵就会微微地轻摆或颤动。这令人想起北京天文馆门厅里那个显示地球自转运动的傅科摆——一个摆线足够长从而能维持稳定摆动的单摆体系。那些会乱钻乱动的猎物则堆放在卵下方的地板上。

幼虫孵化出来后，跟卵一样悬挂在蜂房的屋顶下面，只是悬丝似乎更长了一些，除最初那跟细丝外，又接上一段看起来有点像饰带的东西。现在幼虫开始就餐了，你看它大头朝下地在一条小毛虫的肚子上搜索着，咬噬着毛虫。忽然毛虫动弹起来，黑胡蜂的幼虫立即就从混乱中脱身而起，神奇地退回到安全的半空中。原来，那条看似饰带的扁平"绳索"实际是个套子，一个卵鞘。其作用是提供幼虫一个攀爬的过道，幼虫可通过此过道滑下来找食物吃喝；必要时可循此后缩，退回到安全地方。当下面再度恢复平静，新生儿又沿着安全的通道滑下来，由于幼虫的运动及其重力的作用，它很快又够着毛虫们而再次开始进餐。一段时间之内它就保持着这种警戒的姿态：头部朝向下方准备觅食，尾部朝向上方不离开"安全梯"，吃食时随时准备着撤退。经过数十小时的进食和生长，幼虫已逐渐变得强壮有力，那群毛虫则因经受长期的麻醉而筋疲力尽，也因饥饿煎熬而衰弱不堪，它们变得越来越无力自卫。原先显得娇弱的黑胡蜂幼虫已成长为粗壮的大虫子，对它来说猎物们那日益变弱的无序蠕动已然构不成任何威胁。至此，它终于抛开安全通道，索性降落到最后一群猎物中间，挑肥拣瘦地大嚼起来，风卷残云似地吃完了它的全部晚宴。

## 螺蠃蜂

螺蠃蜂跟黑胡蜂长得很相像，外衣半为黑色半为黑黄色，它的翅膀休息时同样地纵向折叠着。二者同为捕猎型膜翅目昆虫，还有着最为重要的类似之

螺蠃蜂

处，即它们为幼虫所准备的食物同样是堆放着的活跃蠕虫，因而对幼虫生存有一定的危险性。当然，昆虫妈妈会为卵和新生儿进行必要的避险安排。

螺蠃蜂喜欢在向阳暖和的、垂直边坡状位置上建造自己的窝。从五月下旬开始直至整个六月份，它们都忙碌着在黏土中挖一个深有几寸的洞，宽窄略微超过其身体的粗细。它们以洞口的边缘为基础把挖洞所得的小泥粒一点点地堆积成一个空心的管子，其走向垂直于洞口的平面（也即沿着洞体向前延伸），达到适当长度后再向下方拐弯。洞挖得越深，所建的管子也便越长，其外观就像通风的管道或烟囱，成为螺蠃住处的特征性风景线。这种"烟囱"外观具有粗糙金属丝编织的格状斜纹，但实际上它只是一种过渡性的临时建筑。因为蜂房最终建完，产下卵、码放了猎物之后，蜂妈妈仍将一粒粒地把烟囱拆掉，泥粒被用来将洞口封闭和完全抹平，不留痕迹。但建造烟囱时终究用不完全部土方，总有一部分土粒从烟囱口洒落于附近地面，所以洞口的位置还是有一些蛛丝马迹可寻。

科学家发现，在完成一切安排后封闭的螺蠃蜂的蜂房里，堆放着多达两打的绿色蠕虫，一种鞘翅目昆虫变形叶象的幼虫。这些小虫已经遭到了螺蠃蜂妈妈的蜇刺，但仍然能顽强地保持着它们平常安静状态时的姿态——自然弯曲的圆环形。一旦受到针尖的拨动或其他相应的刺激，这些小虫就会猛地乱动起来，伸开又卷起，甚至还能挪动位置。这种情况下螺蠃蜂的幼虫如果与它们肩并肩地躺在一起，显然就会遇到危险。那么，蜾蠃蜂妈妈又是如何安排的呢？

首先，不出人们所料，卵是悬挂在天花板下的。一根短短的细丝把卵的一端固定在蜂房顶上，使它自由地吊在空中，稍有震动就会抖动不已。蜂房有时是水平的，卵就与地面垂直，下端到达离地面2～3毫米处；有时如果蜂房是倾斜的，悬吊状态的卵将与蜂房轴线形成或大或小的夹角，但这丝毫不影响卵的头端下垂到离地面2～3毫米处。观察证实，在完成蜂房建设、尚未码放食物之前，蜂妈妈就先在蜂房里端的最深处产下了它的悬吊状态的卵，然后逐渐往洞穴里运

棘刺蜾蠃蜂

送猎物，依次码放。为了适应这种储存食物的方式，蜂房的结构是经过计划设计的。它分为明显的两个部分：紧靠里边是一个稍宽敞的洞穴，直径约6毫米，这是幼虫的餐厅，虫卵就吊在这里的房顶；由此向外洞形稍窄，直径约4毫米，这里相当于食品的储存仓库。蜂妈妈先把2～3只猎物送到餐厅，然后再在食品库房由里向外依次码放10～20只猎物。这些绿色小蠕虫是经过蜇刺的活虫，它们自然弯曲成环形，稍微的张力使其外侧的背部轻轻抵住墙壁，固定不动地形成一种列队候选的状态，秩序始终不乱地依次提供给幼虫食用。

卵在产下后的第三天就孵化了，黄色小幼虫头朝下尾朝上地悬吊着，开始吃餐厅里的第一只小虫。悬吊"绳索"就是原先吊着卵的短丝，加上孵化时蜕下的皮囊，后者就像一条皱巴巴的带子。新生儿的尾部有一处收缩变小，其后的部位则膨大成塞子状，这样就使其能与卵皮囊紧裹着连在一起。如果食物群发生骚动，幼虫通过自己身子的收缩就能同食物堆拉开距离；形势平静后，幼虫伸展开身子又回到牺牲品的身上来。经过一昼夜的吃食，第一条小虫已被宣告吃完。幼虫稍事休息，蜕皮，离开卵皮囊组成的救生索，下到餐厅中。这时它已经具备足够的力气来对付那早期被安排在餐厅里的小虫子了。这些小虫是蜾蠃蜂妈妈第一批送进餐厅的，等待时间最长，经受麻醉和饥饿的折磨最深，所余的反抗能力也最差，蜾蠃蜂的幼虫顺理成章地就从它们开嚼充饥。吃完

餐厅的存货以后，行动自由的幼虫便从库房近端拉过一条来接着啃噬，依此顺序吃将下去，有条不紊。这些小虫均按猎获的时间排序，所以其反抗能力、新鲜程度一切都合乎要求，符合蜾蠃蜂妈妈当初安排的意图，非常科学，非常合理，一切在不知不觉中顺利完成。吃罢所有的存货，蜾蠃蜂幼虫结茧变蛹，羽化成虫，完成了昆虫生活周期演变的发展史。

# 回家之路
## ——探秘昆虫的长途跋涉回归家园

回家是一个温馨的词汇，它意味着离家的游子们再坚持一段奔波，便可与家人小别重聚；如果是"少小离家老大回"，那就更是充满了思念的辛酸、人生的感慨与对欢乐的期待；至于"夕阳西下，断肠人在天涯"的情景，那么这位远方凄苦的旅人就只能在午梦方迥之际，悲凉地体味一下儿时的残留记忆了。

对于昆虫而言，回家之路则意味着与它们建设家园、安身立命、繁殖后裔、昌盛种族等一系列重大活动相关联。实际上昆虫的回家之路，最本质的问题在于它们如何辨别方位和距离，从而保证昆虫（主要是昆虫妈妈）们能够从一定距离的远处，准确、适时地回归它们的窠巢。不同种的昆虫辨别方位和距离的能力明显不一样，甚至连机理也不尽相同。自古以来，许多学者对此进行了无数次的观察和研究，我们不妨也来了解一下几种简单而直观的结果，以窥探一下其中的奥秘。

## 红蚂蚁

在那个荒芜的园子里邻近南边的部位，聚居着一群红蚂蚁，那就是我们这次观察的对象。这种红蚂蚁的生活习性是既不善于哺育儿女，也不会寻找食物；甚至即使食物就近在它们身边，也不会自己拿来吃，而是必须由"佣人"服侍它们进食。红蚂蚁们从小到大都是养尊处优的，一切劳务如育儿、卫生等也由这些"佣人"照料。红蚂蚁活着的唯一任务就是经常外出抢劫别种蚂蚁、特别是黑蚂蚁的小孩来做自己的工蚁，担任家族的劳务。它的方法就是出外征战，掳掠别人家的蚁蛹，运回自己的巢穴。等这些蛹蜕皮变为成蚁，就成了红

113

蚂蚁家中积极干活的"佣人"。从这方面看它们的生活颇有些像传说中的"亚马孙人"①。

　　炎热的夏季是红蚂蚁一年中出动抢劫最活跃的时期。闷热的下午，经常可以看到它们的队伍从巢穴里出来，排着往往长达数米的行列去远征。一路上如果没有发生值得注意的情况，这个蚁队就一直保持着行军的队形。如果一旦发现有其他种类蚂蚁窝的迹象，前排领队的高头大蚂蚁便会停下来，散开成乱哄哄的一摊。后面的蚂蚁大步匆匆赶上来，原来先头的蚂蚁们也在蚁群里穿插碰头，互相碰着触角似乎在交换信息。一些蚂蚁还被派出去侦察情况。经过一阵忙乱和商议，如果证明情况有错，这伙"亚马孙人"强盗会重新列队、再度前行。队伍弯弯曲曲、时密时疏地迤逦行进着。一会儿穿越荒芜的小径而消失在草地里，在稍远的地方又出现了，然后钻进了枯叶堆，一会儿又看见它们蚁头攒动地急急忙忙现身出来，大摇大摆地继续前行。路线随意地曲里拐弯，似乎并无一定的规矩，唯一的目标是要寻找到可供劫掠的蚁窝。就在它们跌跌撞撞、盲目搜索的狩猎之旅中，终于找到了一个黑蚂蚁的窝。于是红蚂蚁们立即破门而入，钻进黑蚂蚁蛹的储藏室动手抢掠；每个"亚马孙人"都叼起一只襁褓中的蚁蛹夺门而出。此时虽然黑蚂蚁们奋起为保卫家园和蚁宝宝而竭力反抗，但由于红蚂蚁有备而来，集中着主动的优势兵力；所以经过力量悬殊的一场混战之后，红蚂蚁终于得胜。每个强盗的大颚钳咬着黑蚁蛹，匆匆忙忙地排成队列班师回朝了。

　　如果说红蚂蚁出发时的旅行路线具有一定的盲目性和极大自由度的话，那是因为它们的目标只是找到任意一个黑蚂蚁的窝，这本身是一个极具不确定性的目标。那么当它的任务已经完成、携带着战利品满载而归时，它们的路线就是确定不移的了，因为这是它们奏起凯歌踏上回家之路的时候了。红蚂蚁们严格遵循着它们出发时遇到第一个黑蚂蚁窝的那条路线往回走，无论路线如何地

注①：据信古代曾聚居于小亚细亚、高加索地区的一个母系制民族，靠抢掠物资和奴隶为生，传说中被称为"亚马孙人"。

弯弯曲曲，也无论途中有何种艰难险阻，都绝不会动摇一丝一毫的决心，因为任何放弃都将意味着它们无法回归家园。可能这条路上它们曾经穿越过厚厚的枯叶层；它们还曾爬高就低，走过满地遍布的坑坑洼洼，面临着失足跌下深沟的危险；也可能曾经攀上摇摇欲坠的枯枝；等等。总之，要走出这条小路的迷宫会累得它们筋疲力尽，尤其是回家之际要背负沉重的、劫掠来的财物，但它们必须这么跋涉。设想如果对路线稍加改变，有时选择从平坦处走过，就可以避免很多险阻且并不需要绕更多的远路。即使如此它们也绝不会这样做，因为"亚马孙人"决不取巧，而是绝对地走原来走过的路。它们一条道走到黑，决不分心；墨守成规地亦步亦趋，毫无苟且之意。甚至有一次它们在池塘边沿的砌石上排队行进时，正值东风劲吹、水波激荡，风从蚁队侧面猛刮过来，有几列"士兵"被刮到水里去了。小鱼儿趁机游来大尝美味。真个是风险重重，历程维艰！蚁队尚未越过天堑就已牺牲惨重。那么它们在归程中想必会选择另一条路线，躲过这一致命的险崖了吧！但是仍不！衔着蚁蛹的"士兵们"仍然规规矩矩地沿着这条凶险的回家之路行进着。令人想起拿破仑时代的战士们，他们在战场上列着方阵、冒着矢石和弹雨、踏着鼓点迈步前进，连眉头都不皱一下。红蚂蚁的队伍决不改换一条路线，宁愿再一次被成批地消灭，给小鱼儿一天内贡献两份大餐。

那些凶悍的"亚马孙人"回家时非得严格地遵循出发时所走的路线，这显然是因为有其必要的理由：表明它们辨认回家之路的本领极其有限，唯一办法就是严格按照出来时走过的路线，因为这条路线必然可以保证它们回到出发点。那么它们又是依靠什么指示来确定它们的来时之路呢？研究人员需要实验和分析。

就观察所见，它们并没有类似某些毛虫那样沿途留下指示的丝线作为路标，实际上它们也没有纺丝的器官。那么会不会留下某种气味，例如蚁酸的酸味，从而依靠嗅觉加以辨认呢？我们不妨就此加以考察，看它们是否真的如此。开始试验是在红蚂蚁出征之际，利用一捧白色的石子沿着所经路线做上记号。眼看它们抢掠之后一丝不苟地沿着原路往回走了，总的距离长约百米左右。根据其行进速度，人们完全来得及实施事前策划好的实验计划。观察人员用大扫帚在蚂蚁的行进线路上扫断了3处，横断着扫干净路面，造成的缺口有1米宽。此处原有的尘土被扫掉，再铺上一些新的材料。如果原先路面上的材料粘有红蚂蚁经过时留下的气味，那么现在没有了，可能会让它们迷失方向。

当回窝的蚁队行进到第一个缺口处时，蚂蚁们果然产生了明显的犹豫和恐慌。先头部队停了下来，有的在缺口面前徘徊不前；有的先往后退，又走回来，再次后退；还有的向侧面散开，好像要绕过这块陌生地段迂回前进。在此过程中后续部队不停地赶到，在障碍面前越聚越多，乱哄哄地不知所措。但同时也有少数有冒险精神的蚂蚁自顾向前走上那段被扫过的路面，还有一些跟着走上前去的，更有一些蚂蚁则从一旁绕着弯子最终走上了原来的那条线路。这样大部队终于又走上了我们标记过的回归之路。在途经其余两处被扫断的路段时，同样也发生了类似的骚乱和犹豫，但最终都是或者径直地、或者绕了一段弯路之后又走上了原先的线路，成功地回到了它们的窝里。

根据这次的结果分析，似乎可以用它们的嗅觉在起主要作用来解释。道路扫断的地方，原先的气味也大部被扫除，所以它们为之犹豫和骚乱。但扫帚对气味的扫除可能不那么完全和彻底，路面也许尚遗留下些微的气味，使一些嗅觉更灵敏的红蚂蚁敢于率先冒险走上前去，带领大伙儿越过该处障碍；有些偶尔绕道侧面者也能追踪到前方稍远处的残留气味，从而能够侥幸寻找到前面的故道。

观察者为此改进了实验的设计。人们使用给花草浇水的水管子，在"亚马孙人"抢劫后回归之路的一处，横向漫水冲刷了十几分钟。水流宽1米多，漫水的长度很长，使蚂蚁完全不可能绕道而行。当蚂蚁来到道路被水流冲断处时，水流继续在冲刷；只是流量适当减小，水深变得相对浅些，但仍维持着流动状态。蚂蚁们的犹豫和混乱持续了相当长的时间，也就是几乎全体蚁民们都乱糟糟地聚集到了水流的此岸。一些勇敢分子开始大胆地走入水流向对岸涉渡。有的遇到水深流急而被冲向下游，仍坚持叼着它们的战利品随波逐流，直到搁浅在路面上的高凸之处；它们站起来再寻找涉渡的可能，不屈不挠地向对岸前进。有的地方水流冲来了草茎和禾秸，正好被一些红蚂蚁当成浮桥，摇摇晃晃地从上面走过去了。还有一些偶然漂浮在水上的枯叶，也变成了负重的蚂蚁们的木筏。于是除了少量运气实在太差而被水流带向远方的倒霉蛋以外，这些蛮勇的家伙们在面临溃乱和灭顶之灾后，大都强悍地渡到了胜利的彼岸，而且决不抛弃它们的抢掠所获。

但是，前途也许还有更严峻的考验在等待着你们这些"亚马孙人"哩！人们用新采摘的、气味浓烈的薄荷叶子把一段路面仔细地、反复地擦拭过，再在另一段回家的必经路面盖上散发着浓郁气息的新鲜薄荷叶片。"亚马孙人"来到第一段擦拭过的路面时并未显示多少明显的担心，而在覆盖叶片的区段也只是稍有犹豫，然后就基本是平静地走过去了。

经过了这一番考验之后，应该可以排除红蚂蚁们是依靠嗅觉在辨认它们的回家之路。因为水流将彻底冲尽它们曾经留下的那点儿气味；而强烈的薄荷气味也将干扰和覆盖那些可能曾经有过的、我们根本感觉不到的气味。

接下来的实验是非破坏性的。人们用几张报纸横铺在道路的中央，边上压了一些小石头，强迫"亚马孙人"从报纸上走过去。这时路面的景观改变了，但并不会严重影响可能存在的气味。发现这些蚂蚁在此层薄薄的"地毯"面前却大大地犯了难，更甚于面临着截断路面的水流。它们再三地前进和后退着试探了多次，反复地尝试和侦探之后，终于冒险越过了纸面，恢复了队伍的行进。它们又来到一处路面的颜色发生了变化的地段，原为青灰色的地面现在薄薄铺上了一层黄色的细沙。这样当然掩盖不了路上原有的气味，如果上次它们经过时曾经留下了气味的话。它们在这里依然发生了严重的犹豫和反复的侦察，经多次试探最后才终于走了过去。

这样看来可以认为，这些红蚂蚁辨认回家之路并不是依靠嗅觉，而是依靠视觉观察和记忆，即对一切路标的牢固记忆。当然实验也使我们明白了蚂蚁的视觉是极为近视的"蚁目寸光"。它站得不高，看得也就不远，当然也是可以理解的。

## 泥蜂和石蜂

砂泥蜂在挖掘其育儿巢穴的过程中，凡于当天较晚的时候停工休息前，总是找一块小石头当作盖子，把所挖的井洞盖上，然后才在花间徜徉，为自己寻找过夜的寓所。翌日，砂泥蜂妈妈会带着毛虫等猎物准确返回它昨日挖掘的窝里。研究人员发现，人类的眼睛根本无法辨认这个与周边滚滚黄沙浑然一体的蜂窝，人的记忆力也完全不可能确定其具体的位置所在；但砂泥蜂却总能及时、准确地打开这个洞口，继续其辛勤的劳作。要知道这并不是它唯一的育儿窠巢，在附近它还会有第二、第三个这样的洞。昆虫的眼力和记忆力对此为什么总是万无一失呢？难道它们身上具有一种更为敏锐的、我们人类无可比拟的对地点的直觉，一种无可名状的能力吗？

对此，研究人员进行了一系列实验。为了观察泥蜂类膜翅目昆虫的回家的能力，第一次是就取材捕捉了12只节腹泥蜂的雌虫，在它们的胸部做了一个易于分辨的白色点状记号。每只俘虏都单独封进一个纸袋，然后装在一个大纸盒里。它们被运到离开窝的所在地正北方向3千米之遥的地点去放飞。当这些昆虫自由之后，它们便开始向各个方向急飞，有的到这里，有的到了那里。不过，只是飞了几步之后便陆续在草茎上歇了下来，各自揉揉眼睛、掸掸翅膀，仿佛重获自由、再见天日之际，被阳光耀花了眼，需要定一定神。稍微休息片刻之后，先后又都起飞了。这次无例外地都是朝

砂泥蜂

向南方，亦即全都向着家所在的方向飞去。数小时后对其原来的蜂窝进行了检查，发现3只有白点记号的节腹泥蜂已回到窝里，并正在干活；其中一只回窝时腿间还抱着途中猎获的象虫。后来又回来了第四只。可以设想，这4只昆虫已经做到的，其余8只也都能够做到。这些节腹泥蜂在封闭的情况下，被带到方向和路途都不知道的、3千米远的地方之后，它们能够自主返回出发点，就像信鸽。如果就动物身体的体积与其所飞行距离的长度相比，前者甚至比鸽子的能力相对更强。

这里有一个问题是：节腹泥蜂平时的狩猎半径到底有多大？是否方圆2～3千米的范围内都比较熟悉呢？有必要找一个距离更远或它们根本不熟悉的地点来放飞。于是就在这一片蜂窝处再行捕捉了9只雌性泥蜂，经标以适当记号后装进不通光的纸盒，然后在早上八点多钟运到离蜂窝3千米处的一个小规模的城镇；放飞地点选择在城镇中心人口稠密的大街上。这时，但见每一只刚获得自由的节腹泥蜂，总是先从一排排楼宇之间垂直地往高处飞去，不约而同地仿佛都想尽快从建筑物鳞次栉比的街道中摆脱出来，上升到视野寥廓的高处去。它们达到屋顶上后便奋力一跃、疾速向南方飞去了。它们是从南方被带到这个市镇中心来的，它们的蜂窝就位于南方。

第二天实验人员满意地发现，有5只标有记号的泥蜂正在它们的窝边辛勤地劳作，就像什么事儿也没有发生过似的。也就是说3千米的距离、人口稠密的城镇中心、连绵铺陈的房屋建筑、炊烟缭绕的各式烟囱，这一切泥蜂生命中从未经历过的新奇事物，竟都不能阻挠这些纯乡巴佬的回家之路。

这些乡巴佬们既然都认识回家之路，却又为何总有一部分个体不能按时回到家乡，甚至有些个体也许从此永远回不到自己原先的家门了呢？研究人员是这样解释的：在放飞之际，这些膜翅目昆虫们并不是个个都同样地精神抖擞、兴高采烈和一飞冲天的。它们有的刚从手指间逃脱后便猛然跃飞腾空，疾速上路，转眼之间就没了踪影；有的却在飞了几步之后便掉落下来在尘埃间趔趄打转；也有的虽然勉强飞上了天空，却仍不免歪歪斜斜地东摇西晃，这些显然都不是飞行健将应有的风采。事情其实很好理解：有的泥蜂因为纸盒里热得像火炉而可能导致在运输过程中受到了伤害；有的则可能在被抓捕或做标志的时候，就因手法不当或操作有误而使翅膀关节等处遭受了损伤。所以当同类们回到家乡的时候，这些残疾者和伤病者仍留在异地他乡挣扎和流浪：有的在狗尾草棵中彳亍，有的在驴儿草叶上踯躅和徘徊。

随后研究者又以高墙石蜂为对象进行了同样的实验，亦即把在窝里辛勤劳动的雌蜂捉来，在胸前做上标记。方法是将细粉白垩在阿拉伯树胶液体中混匀后，用草秸蘸了这种粉浆，点在昆虫胸前；于是就能够将胸前有白点的昆虫跟其他昆虫区分开来了。

第一次是把2只高墙石蜂带到4千米处放飞。当时已是傍晚时分，它们可能要在放飞地点的附近过夜。第二天早晨到蜂窝前观察，当露水已干，别的石蜂开始工作时，仍未发现有记号的石蜂们。但昨日被抓走的石蜂的窝里却另有一

高墙石蜂

只石蜂在干活，原来这是一只外来者。石蜂本来就有这样的习俗，当它们发现有空着的蜂窝时就会进去定居下来，把这个窝当作自己的产业，在其中储备粮食、装进花粉和花蜜并最终产下卵，把蜂房封起来成为它的育儿室。

将近10点钟的时候，天气十分炎热。该蜂窝原先的业主——胸前有着白色斑点的石蜂终于回来了。它一路上穿过了麦浪起伏的庄稼地，越过了田野里那些身披玫瑰红外套的驴儿草，而且肚腹上还满布着金黄色的花粉，说明它曾不辞辛苦地采了花蜜带回家来。这位风尘仆仆、一路劳累的业主发现，居然有个外来者占据了昨天还是它所拥有的家园，当然满腹怨愤，它怒不可遏地向着侵占者猛扑过去。后者一开始并未意识到自己做了什么坏事，于是也就起来挺而抗争。两只石蜂凌空展开了激烈的角逐。有时它们就在空中相距几厘米远处互相对峙着，一动不动地发出嗡嗡的嘶鸣声，无疑它们是在用眼睛盯视着对方。然后它们俩时而这只、时而又是另一只迅速回到有争议的蜂窝上来，但终于没有发生互相肉搏或动用螫针攻击。真正的业主似乎从自己的权利感中不断增长着正义的勇气，它牢牢地盘踞在窝的上面决心不再忍让。当另一只石蜂敢于走近时它便激怒地扑打着翅膀，张牙舞爪地勇敢迎敌。这好像明确地表达了它理所应当的、正义的愤慨，迫使外来者终于失去了最后的勇气而放弃了。这样一桩事件也许象征着膜翅目昆虫之间共同遵守着一条公理，"权利胜过力量"。于是这个历经辛劳的泥瓦匠立即投入积极的修建劳动。这算是异地放飞后回家之旅的故事中发生的一段小小的插曲。

根据观察，这些膜翅目昆虫们平日的飞行和劳务应该只在100米左右的距离范围内。它们十分懂得节约时间和体力，它们筑窝和备粮时的一切必需品都可以在近处解决。我们每天都可看到它们从小路上取得建筑材料；在草地上采集花蜜和花粉，捕捉猎物等。那么，这些膜翅目昆虫们突然有一天被带至3~4千米远的陌生场所、环境新异之处，它们怎么无须任何训练就能飞回到原地的呢？是什么能力在给它们指路呢？显然这与记忆是无关的。因为记忆是旧有经验在机体的神经系统和意识中留下的印象；所以对未尝经历过的事物当然是谈不上记忆的。所以泥蜂和石蜂辨认回家之路的本领实际是一种特殊的能力，或称之为本能。我们只能根据其惊人的结果而确认其具有这类能力，而且这种能力是不能用人类的心理学来予以解释的。

为了进一步认识这种能力的本质及其内在机理，我们不妨再来看一个相关的实验结果。一只泥蜂离窝外出时，它以后退的姿势把周边的沙土扒向洞口，仔细地把入口堵住。一时间洞口就从漫漫的沙地背景上消失了，人类或其他虫子根本看不出这个入口与其他地方有丝毫区别。一会儿以后，为幼虫供应食物而奔走不息的泥蜂妈妈带着猎物回来了；它毫不犹豫地直接停在了无记号的洞门前用头一拱，拱出一个孔口就进洞去了。观察者想找个什么方法来把这个昆虫难住。人们先是在昆虫离洞外出之后拣来一块平板的石片盖住了洞口。当泥蜂回来时，发现它对于自己外出过程中家门口所发生的巨大变化似乎并未予以理会，而是直奔石片而去，好像试图要挖通洞口。当然，泥蜂并不是在石片上挖，而是在一个侧边与洞对应的部位。但是终因障碍物太过于坚硬，不久就放弃了这个念头，开始在石片周围寻觅。后来找到一个机会钻入石片底下，朝向窝的精确方向挖掘前进。看来它很快就能接近它的洞口。这表明一小片石头拦阻不了它的回家之路。怎么办？

就在泥蜂即将找到家门的时候，实验人员又把它驱走了。随后又再安排了一个新的障碍来为难这只可怜的膜翅目昆虫。实验者就地取材，把路边的一大摊新鲜牛粪用木片挑将过来，恶作剧地铺展覆盖在泥蜂蜂窝的洞口上。洋洋洒洒一大片，厚度在2～3厘米，面积几达0.25平方米。该种材料那颜色和粪味，难道还不足以忽悠泥蜂使之上当受骗、遭受迷惑而找不到家门吗？我们且拭目以待、静观其变吧！过了不大一会儿，泥蜂又飞回来了。面对着这一大片汪洋恣肆、非复旧时门庭的家园，它不得不在高处审视了一番异乎寻常的现场。然后它终于降落在粪便层的中央，在正对着洞口的地方扒挖起来。它后来钻进那些包着粗纤维的粪团中，挖到了下面显露沙土的地方，并且找到了洞口。

为了更进一步探究那种指导着泥蜂找到家门的本领之秘密，人们当即又抓住泥蜂并将它轰走了。这种膜翅目的小虫为什么能如此精确地扑向其蜂窝呢？此时窝的外貌已完全为新的方式所掩蔽，真的已是面目全非了。这也许足以证明它不是纯粹依靠目光和记忆的指引。那么还能依靠什么功能来判断呢？难道是对某种特殊气味的嗅觉？或许未可全然除外；因为淡淡的粪臭也许尚不足以彻底抹去或强烈干扰昆虫对某种物质的敏锐辨别能力。那么不妨再试试更强烈的气味吧！实验人员扫除了洞口周边的粪便层，并重新覆盖上一大片薄薄的青苔，而且在其上洒遍了化学品乙醚。这种物质气味太强烈了，所以泥蜂回到原地之后起初根本不敢靠近，只在附近的空中徘徊；也许就是所谓的犹豫不前吧！但没有经过太久的徘徊和等待，这个膜翅目昆虫就毅然决然地扑向那依然散发着强烈乙醚气味的青苔。它扒拉着穿过了障碍物，一头钻进窝里去了。乙醚的气味跟牛粪的气味同样都难不住我们的昆虫，存在着某种比气味更有把握的东西为它指导着回窝之路。人们让这位忠实的昆虫妈妈平安地回到它的窝里去了，但同时却在酝酿着一个更大的阴谋——一个全新的实验方案。

实验人员找到一个埋得不深的泥蜂的窝，它大致呈水平走向，位于不太坚硬的土中。这使得人们有可能小心地用刀子把整个洞穴剥离出来；并把位于上方、相当于顶盖的那个部分轻轻刮去。最后终于达到这样一种效果：窝的屋顶没有了，原先完全处于地下的房间变成了一条或直或弯的沟槽，有点像一条长度不到20厘米的渠道的样子。原先是洞门口的一端已完全开放，可自由进出；另一端原来是蜂房则成了一个部分封闭的洼陷，幼虫就藏身在那里。此刻，原先隐蔽的坑道已经开膛破肚地暴露于光天化日之下，沐浴在阳光中。泥蜂妈妈呀！你对此会产生何种反应、采取什么对策呢？我们不妨先来分析一下。昆虫妈妈回窝的目的是为了幼虫的食物，可是要能来到幼虫的身边就必须先找到洞门。这样门和幼虫就成了两个核心问题，然后可以分别予以考察。

现在昆虫妈妈终于回来了，径自奔向那个已经不完整的、只剩下门槛的洞口。它相当长时间地在原来是洞口的地点既挖掘又打扫，掀起尘沙飞舞。它是在寻找原先的门，一道只要用头一拱就能掀开的那扇活动的围墙。眼下它遇到的不是沙土门，而是没有翻动过的坚实土地。土地的坚硬，显然使其感到不是那么回事，它警惕地走过来、走过去地探索着。它并不走远，始终在洞口应该在的地点附近踅摸转圈。它已经重复地探索、打扫了几十次的那个地点，就是原先洞口应该位于之所在。它可能执拗地深信门口就在该处；即使人们用草秸轻轻地把它拨到另外的处所，它也不愿上当，很快就重又折回到门口所在的地点继续搜索。虽然，它有时也在由巷道所变成的渠道里进行一些搜索，一面扒扫，一面前行；有几次甚至看到它已经来到了沟槽的尽头，到了幼虫趴着的洼陷之处。但每次它都很快就又回到了那个入口处；似乎它也被某种固定的想法纠缠着，所以对面临的事实困惑不解。

我们再回头看看那个受罪的幼虫。当泥蜂妈妈为找不到洞门、因而无法循此找到它亲爱的孩子而焦虑万分、备受煎熬之际，小沟尽头处那个可怜的虫宝宝也正在灼热的炎炎阳光下焦躁不安地乱动。表皮还很娇嫩的幼虫刚刚从温暖湿润的地下室骤然来到了酷热的阳光下，无奈地在它咬嚼过的猎物（双翅目昆虫）堆上无助地扭动着身子，急切需要妈妈的救助；可妈妈却根本无暇关心它。因为对于昆虫妈妈来说，现在的幼虫并不是它所记挂的、蜂房里它那宝贝的孩子；而只不过跟散乱在地上的小砾石、小土块、干泥巴等随便碰到的物事一样，毫无特殊之处，丝毫不值得额外的注意。这位温厚而忠实的妈妈，目前最需要的是进入它的蜂窝入口处的门，那个它平时熟悉的、习以为常的门，是那个极端需要的门而不是任何的其他东西。昆虫妈妈一门心思地在找那曾经可以一拱而入的门，以便能够进到巷道尽头处为亲爱的幼儿嘘寒送暖。如今这条小路畅通无阻，没有任何事物阻挡它的前行；它亲爱的孩子更是极端痛苦地在挣扎，等待着妈妈的救助。它原本只需轻轻一跃就可来到这不幸者的跟前；它完全可以为它所疼爱的宝宝挖一个新的掩蔽所，以解除孩子急切的痛苦。但是它不！眼看幼儿经受着毒日头的炙烤，昆虫妈妈却只是固执地在寻找那条记忆中的、目前实际已不存在的通道入口。

我们知道动物的一切带有情感色彩的行为中，母爱应是既强烈、又最能激发起聪明才智的。一部昆虫史中有多少机智勇敢、惊险奇巧、轰轰烈烈、有声有色的传奇不是昆虫妈妈的母爱所导演的呢！眼前这位母亲表现出来的冥顽不灵，使人们感到的惊奇真的是难以言表。更不可思议的事情还在后面。当昆虫妈妈在长时间的犹豫往返、前进后退的折腾过程中，有几次终于走进了那条长长的过道，甚至来到了原先是蜂房的洼陷之处。凭着它或许已经模糊了的记忆，也许还有猎物堆中的双翅目昆虫、那些它辛辛苦苦为幼虫运来的食物所发出的野味气息的指引，把它带到了幼虫躺着的地方，就是说妈妈终于同它的孩子到了一起了。在这经过了长时间焦虑不安之后的相聚时刻，似乎应该充满殷切的关怀和母子间温情的抒发，显示慈母与爱子间的亲子情深与天伦之乐，等等。但这些都只是人间之常情，如果您以为此时此刻这对昆虫母子之间也有哪怕是一丝一毫的这类情感，那您就错了，彻底地错了。实际情况是泥蜂妈妈根本认不出它的幼虫。此刻的幼虫对它毫无价值可言，甚至是绊腿绊脚的东西，纯属障碍物一个。它匆匆忙忙地走来走去，从幼虫身上踩将过去，毫不留情地践踏它。有时还因嫌其碍手碍脚而粗暴地一脚蹬开，甚至无情地推搡和将其踢翻在地。受到这样粗暴对待的幼虫有时也会奋起自卫，有人曾观察到幼虫抓住妈妈的一条腿猛咬，就像咬它的食物——双翅目昆虫的腿那样。但凶狠的大颚终于被摔开，惊慌失措的昆虫妈妈拍着翅膀发出尖锐的叽叽声逃走了。当这个妈妈第二天再度回家来时，仍只是情有独钟地在门的所在地踯躅往返，继续它那劳而无功的寻找。至于那个昨日被妈妈摔到一边的幼虫则在那边挣扎和扭动一阵之后，无助地被炎阳烤成了虫干。后来，这可怜的幼虫成了双翅目昆虫小蝇的食物，原先它本是以蝇类作为食物的。泥蜂和石蜂等飞行的膜翅目昆虫们，依靠一种内在的能力指引它们识别回家之路，实际是一种与生俱来的本能。无须任何训练和学习，也永远不会忘记，而且不随客观环境情况而变化，是一种天赋的本领。昆虫的本能本质上应该是由其体内分泌激素的顺序所决定的（由机体的基本结构所决定的某些基础生活本能，如逃避、防御等反应性能力除外）。当昆虫的生命形成之际，其整个生命周期的各种本能行为之间的联系顺序，就已经编程完毕。其间包含例如泥蜂妈妈必须找到、并经由熟悉的门洞，进而找到它的幼虫，然后才能为它们安排食物，这便属于本能行为之间的联系；这些行为按照严格的顺序互相呼应着，哪怕发生了最严重的情况也不能打乱它们的顺序。这就是为什么泥蜂妈妈面对敞开的通道时，它所亲自储备的食物、它曾经那么钟爱的幼虫，都明白无诬地摆在它的面前，它却视而不见，仍然只是执拗地寻找它记忆中的那扇门。对它而言，当前最具决定意义的东西，也就是在机体内部支配它的唯一行动法则就是尽快找到熟悉的门户，穿过流沙的通道，然后接近幼虫。如果前者不能发现，通道找不到，那么即使房屋和房屋中的居民全都完了蛋，化为了齑粉，也全然是无所谓的事。它的行为就像在群山中引发一系列的回声那样，第一声没有响起，就绝不会发生第二、第三响的回声。也即当泥蜂妈妈习惯性地进入的第一个行为没有完成，那么下面的行为也就不能继续；第一个声音未响起，其后的回声也决然响不起来。在上述例子中，如果这位妈妈是由智慧所指引，它就会直奔它的幼虫而去；可是在本能的支配下，它却固执地停留在原先是门所在的地方。由此看来，智慧和本能还真是有着天壤之别哩！

## 松毛虫

人们曾经把绵羊当成天性最愚蠢和最荒谬的动物。据说如果绵羊群中那只处于领头地位的头羊被设法扔进河里，那么羊群就会前赴后继、义无反顾地冲进大河。科学家发现有一种昆虫——松树上的松毛虫，它们外出走路时总是跟着第一条松毛虫爬行，比绵羊更加盲从；但学者们认为它们不完全是由于愚蠢和荒谬，而是出于自身有这种需要。

早在18世纪中期，著名的法国昆虫学先驱雷沃米尔就对松树上的一种鳞翅目昆虫——松毛虫进行了启蒙的研究。这种小虫对松树为害甚烈，松树一旦遭受松毛虫的占领，针叶很快就会被啃噬光光，就像经受了一场大火。松毛虫还在树上编织起一批大囊袋，那是它们拥挤的窠巢。

它们的故事是这样开始的。松毛虫蛾从8月上旬开始在松树上产下它们的卵。松树的针叶原本成双、成三地聚成一束，此时每束叶子的叶柄就被颇像手笼那样的圆柱体包裹着。它的

松毛虫

直径3毫米，长约20毫米，外表柔软光滑，表面覆有鳞片，白色略带橙黄。每个圆柱体中约包含300粒虫卵，九月开始孵化。上午8点阳光照耀着圆柱体，小小的毛虫开始离弃卵壳。这些孱弱的生命，体长才1毫米，身子淡黄，长着纤毛。这些纤毛长短相间，短的呈黑色，长些的呈白色。大脑袋的宽度有身躯的两倍，而且黑得发亮，就像一滴沥青。松毛虫长着劲力十足的下颚，一开始就准备好了啃咬坚硬的食物——松针。几个星期后它们蜕皮长大成中年松毛虫；此时体长达到2厘米，宽4毫米；纤毛也更丰茂而漂亮，还点缀了些橙黄、栗色等鲜艳的装饰斑块。

松毛虫从裂开的卵壳爬出来以后，就成为成串的爬行者和"纺织工"。3条或者4条吃得饱饱的小松毛虫排成一路纵队，一齐向前爬行；但也有时迅速分开，各自随意乱逛。但凡它们行进时总在经过处留下一条细丝，逛够了就可以循着丝线回到原来的出发点。此时期是它们将来排成行列行进的学习期。如果有谁稍稍打搅它们一下，它会摇晃着身体的前半部，就像一条正在放松过程中的弹簧，一冲一冲地往前探头，憨态可掬，样子极其可爱。

当天气处在温暖季节的时候，幼虫们就乱糟糟地聚集在它们的双叶（或三叶）基地，各自吐丝，做成一个细致而薄薄的茧，依靠在邻近的树叶之间。就在这个稀疏的帐篷下面，虫儿在烈日当空、日照强烈时睡午觉。下午，太阳消失在山的后面时，休息够了的松毛虫们一面向周边分散，一面在近处小半径

变态的几种形态

范围内结队行进。人们发现它们在休息或即使小憩之际、也绝对是个避光的动物；它们要到晚上才去它们的"牧场"，那些真正浓密的松针叶丛。

松毛虫这个"纺织工"虽然瘦弱，但十分勤劳，它吃饱之后在窝里往往不停地吐丝，为它的帐篷添砖加瓦。它24小时制作的丝球有榛子那么大，两周之内制作的丝球就达到苹果那样大。但这还不是它过冬的大住所，只不过是一个薄薄的临时隐蔽所而已。寒冬来临，必须修造牢固的冬季住所时，它们选择一个树叶聚集度合宜的枝梢，毛虫"纺织工们"用一张扩散式的网，把枝梢覆盖起来。这张网使周边及毗邻的树叶均稍稍弯向中轴，最终完全被丝网状编织物所被覆。也就是说松毛虫们集体地圈围起了一个半丝半叶、能够防御恶劣天气的居所。这个居所开始时可能有两个拳头大，但毛虫"纺织工们"不断地再接再厉、纺丝加工，将其加大；到臻于完美之时，体积可达2升。这个居所外观为一个粗糙的倒立卵形体，下部不断地衰减和延伸到一个丝织的鞘套里；后者则牢固地包裹在支撑着住所的那根枝杈上。卵圆形的顶端上部半开着一些圆孔，数量及其分布显得很随机；直径有普通铅笔粗细，这是松毛虫进出的门洞。这个白色大壳的住宅周围，露出一些既没被圈进去也没有受到啃咬的松针叶。就在这些针叶的梢头，也有由丝线松弛地交织而成的一层轻柔的帷幔在飘动，成为一片保护完美的宽阔游廊。白天阳光淡淡地透过这层轻纱，松毛虫就来到阳台上午睡。一条毛虫靠在另一条身上，微微地弯着它们的背脊。上面是床顶华盖，旁边有薄纱帷幔保护着它们，风儿摇动着松树也不至于使它们跌落树下。

每晚7～9时之间，只要天气许可，松毛虫总要离开虫窝，来到住所下方裸露的枝杈上，就是支撑着住所的那根轴心枝杈上。此时道路就很宽阔了，松毛虫们乱糟糟地、并且也是慢吞吞地从所有的门洞纷纷涌将出来。在尚未来得及散开之前，它们就在这根稍为粗大的枝杈上形成了一个满是松毛虫的、蠕动着的共同体。随着时间的推移，这个共同体在蠕动中逐渐地自动分散为多个小组，各自爬行到邻近的枝杈上去吃青青的松树针叶。松毛虫的晚餐一般要延长到深夜；最后吃得肚子饱饱的才开始返回。当所有松树毛虫回到窝里的时候，时间已离凌晨2时不远了。

在外出吃食和返回的过程中，每条松毛虫都要开动吐丝器在经过的路上敷下一条丝线。大批的个体通过之后就汇成了一条宽阔的下行之路，同时也在住所的表面形成一层新添的薄纱之网。宽阔的下行之路也是虫儿们回窝之际的上行之路。这样地上上下下、来来去去、日积月累的结果，所经之路上便覆盖着大量的丝线；并且在住所下部形成了连绵不绝的丝质鞘套。松毛虫修筑的回家之路比我们人类更加耗费资财，它们不用沙石而用丝绸。这样的豪华奢侈有什么好处呢？或者有什么必要吗？让我们首先来关心一下它们冬夜外出和返回行动的环境背景。松毛虫在沉沉黑夜中爬出位于枝梢的住所，循着裸露的树枝下降，抵达一根尚未被啃噬过的树枝。随着松毛虫们啃光了其上的针叶，每个下一根分枝的位置将越来越低；松毛虫们每次要爬到这根尚未被触动过的小枝上，分散到绿色的松针丛中。吃完这餐后，夜更寒冷了，该回家躲藏起来了。回家的直线距离虽然并不太长——2～3米吧！但爬行却无法跨越这段空间。它们必须按部就班地从一个交叉路口下降到另一个交叉路口。从松针下降到小枝杈，再下降到小枝，从小枝下降到大枝；再从大枝向上行，历经一条曲曲折折、左转右拐的小路，直到爬回松树高处的住所。这样一条回家之路，对松毛虫而言称得上是漫长曲折、千变万化，靠视觉来指引显然不行。松毛虫的头部两侧有5个视觉点，在放大镜下这些视觉点小得难以辨认；它们不大可能看得足够远。而且夜间的松树丛中缺乏光亮，在漆黑一团的暗夜中，很难指望这种近视的透镜能有多大的作用。那么松毛虫依靠嗅觉来解决此难题，似乎也缺乏可信的证据。因为松树林中和松树上盖过一切的松脂气味并不能有利于它们分辨回家之路。对单独的松毛虫个体进行的试验表明，它们主要依靠触觉而非嗅觉获取信息。尽管当它们正处于饥肠辘辘的时候，也从未见过松毛虫们向嗅到的食物爬去，如果这个"牧场"尚未被嘴唇偶然触碰到的话。

那么，既然排除了视觉和嗅觉，还能指望剩下什么功能来引导它们回到窝里去呢？只能依靠它们出发时步步为营、吐丝敷下的那条细带子了。循着它们造价昂贵的丝绸之路，它们才可能最终闯出这充满崎岖和陷阱的迷宫，而不至于在冬夜里无家可归。

在晴暖光亮的白天，松毛虫会不时地进行远足，甚至在冬季也是如此。它们从松树上下来，在地面上冒险结队行进到数十米远的地方。这种行为并不是觅食旅行，因为它们出生的松树上的针叶还远未到吃光耗尽的程度；而且它们通常也不在白天进行大规模地进食。所以这种远足行为也许应该被理解成：这些吃饱喝足、精力充沛的家伙们，正在进行卫生保健性质的散步哩！还有一个不能排除的内容则是它们正在探察周围的地形地貌，查勘一下将来可以隐藏其中以完成变态的沙地环境。当然每次这类大规模地活动的过程中，引导和保证全程顺利的那根小丝带也是绝不能忽略的。据观察，松毛虫每次外出均可循着丝带回到出发地，但却从来都不是原地转身、在细丝带上掉头作180度的大转弯。为了再走上原来的那条老路，它们得像画一条鞋带那样行进。它们的首领往往随性而任意地决定这条带子的弯曲程度，在试探摸索中前行。有时行

动显得十分飘忽游
移，那些虔诚地跟
在后面亦步亦趋的
虫群，此时就不得
不为此而付出风餐
露宿和饿肚子的代
价，好在大伙似乎
都很随和，从来也
不以为事情有多严
重。迷失方向后松

松毛虫

毛虫们便集合起来，蜷缩成团，一动不动地彼此身体相靠着闭目养神，第二天
又重新探路。寻找和探索通常得以幸运地结束，因为这根大幅度、大面积弯曲
的丝带总有机会与来时之路的丝带交汇。这时，带头的松毛虫一旦踏上正确的
轨道就不再游移和飘忽，这一团伙就会迈着急促的步伐向窝的所在地前进。

根据对松毛虫习性的了解，据说昆虫学界泰斗、法国科学家法布尔曾经策
划和设计过一个有趣的实验，在这一个有点儿几近恶作剧的、游戏性质的实验
中，要让松毛虫们像一群丧家之犬那样，围绕一个封闭的圆周做循环爬行，并
且此计划得以成功地付诸实施。

这个昆虫学方面有名的、破天荒的试验是这样实现的：1896年1月的最后一
天将近晌午时分，突然看到实验室窗台上有一大队松毛虫在行进，它们鱼贯而
行，逐渐靠近一只巨大的花盆并缓慢地攀爬上去。这是安置在沙土层坡道边的一
排花盆中的一只，盆口圆周超过1米的花盆中生长着青翠的棕榈树。眼看第一梯
队的毛虫们爬上花盆的盆沿了。也许因为盆沿上既没有沙土地面的泥沙崩塌物、
又是个有利于攀爬疲劳后稍事休息的地方，所以整齐的队列前进得很顺利，甚至
不乏愉悦的情绪。这时从别的方向也有一些松毛虫陆续来到，它们跟上去把队列
拉得更长了。观察者在思索着多次策划过的计谋，同时心存希望地等待着毛虫编

织的这条细带子的首尾闭合。终于"环行路轨"在一刻钟后真的铺成了，也就是那位沿着盆沿行走的首席引路者再次来到了它开始进入的地点。嘿！这条闭合的环行路还相当出色哩！除个别小段有些歪斜起伏，例如略微下降到了盆沿的下侧背面，但在不远处它又折回到了盆沿的上方。观察者认为现在排除那些继续在攀爬、企图前来加盟这一环行队列的其余纵队的成员是比较适宜的，因为过多成员的到来将会不利于现时的良好秩序。另外清除圆形环路以外的、丝绸铺就的羊肠小径也同样重要，因为这些小道是联系花盆盆沿与地面之间所架设的桥梁，有可能引起松毛虫们循此走向地面。为此实验者立即用大画笔扫掉了多余的松毛虫成员，再用粗毛刷擦拭花盆的外壁，以使松毛虫在其上铺设的丝绸之路完全消失。现在一切均已就绪，好戏就要开始，我们可以平心静气地欣赏一下全体松毛虫成员们的集体表演。

在这个圆环状行进列中，现在已经不再有真正的首领。每条松毛虫的前面都有着另外的一条，在丝绸铺就的痕迹的指引下，它们个个都亦步亦趋地紧紧跟随前面的伙伴。再没有一条松毛虫担任总指挥，或更准确些说再也没有谁可以任凭心血来潮而像统帅和领袖似地任意改变前行的路线。现在大家都循规蹈矩，绝对服从和信任在自己前面开路的那个向导，并不知道向导却由于人们的诡计而实际上已遭取消。就这样地在一个封闭的、充满欺骗的羊肠小道上，松毛虫们不停地转着圈儿闲逛。除了不断地加宽它们的丝绸之路，梦魂萦绕地思念着它们的回家之路以外，还能干些什么呢？难道就这样永无休止直至完全地筋疲力尽吗？

试验者原以为1小时或者2小时以后，松毛虫将会察觉自己走错了路，从而开始抛弃错误的道路，在某处或任何一个地方下到地面。但观察的结果却远非如此。下面的记录是随后几天中对其观察之所见。

第一天风和日丽。中午松毛虫开始形成闭合的环形行进。这种情况最初持续了数小时，它表明了没有首领的队列不再有自由，不再有自由的意志。每个个体的意志也就是统一的意志。每条松毛虫机械地持续行进，就像秒针忠实于钟面的圆周。重复的环行使得最初稀疏的丝线变成了一条2毫米宽的、致密的漂亮丝带。丝线原本并非完全平坦的曲线，存在有下降和上升的两个拐弯点。在这整个过程中，总可以看到所有的松毛虫在第一个拐弯点下降到盆沿的背面，此时松毛虫们的姿势是脊背朝地、肚腹朝天；在第二个拐弯点又上升回到盆沿上，爬行姿态恢复正常。真的是第一道丝线一旦敷定，要走的路也就不可变更了。虽然路线恒定不变，速度却并非如此。经测量其所走过的路程和所费的时间，计算得出它们的平均速度为每分钟9厘米。当然其间有或长或短的停顿，走累了速度会放慢，特别是当气温逐渐下降时，速度就会更慢。到晚上10点钟时，行进只不过是松毛虫的屁股在懒懒散散地东摇西摆，或者起起伏伏而已。深夜来到时，已是平日吃晚餐的时间了。今晚天气暖和，它们本应该欢天喜地去聚餐了。在盆沿上排列着的松毛虫们今天步行了10个小时，正是食欲旺盛、胃口大开之际，理应更加津津有味地去享受一顿丰盛的大餐。周边一大片美味的松针几乎全都苍翠欲滴，要去到这片绿油油的牧场只要先下到地面便可前去了。但是可怜的松毛虫们却不知道这样做，只因为它们对那根神秘的丝带唯命是从。夜深了，观察人员离开了这些饥肠辘辘、仍在进行着布朗运动[①]的虫子们。但愿黑夜会带给它们好主意，希望明天到来时一切都会有所改观。

第二天，人们发现自己错了。原曾指望它们那饱受苦难煎熬的胃肠能促使其茅塞顿开，但这真是太高估它们了。实验者天刚亮就去看望它们，松毛虫们仍像昨晚实验者离开它们时那样排列着，但是一动不动。等到天气返暖，它们逐渐复苏摆脱麻木迟钝状态后便又走动起来，仍旧像昨日那样呈环形队列前进，行动像机械那样死板和固执。它们不断地走走停停，又挨到了夜间，寒冷再度降临。其他在窝里的松毛虫们都躲着不再出来，花园里从前长着花草的那条小路上闪烁着霜花，水池里全都结满了冰。花盆沿上的松毛虫无处躲藏，又度过了一个艰苦的夜晚。它们乱七八糟地聚集成了两堆，互相紧紧地挨靠着，

注①：英国植物学家布朗·R.（1773~1858）报道了在显微镜下发现花粉颗粒悬浮在水中时产生的无规则运动。它是水分子热运动现象的反映，称为布朗运动。这里借指缺乏主观意识的杂乱运动。

似乎想这样来抵挡寒冷。

世俗的意识认为灾难和不幸对于某些事件而言，有时往往可以成为有利的转机，这就是我们有时候说的"坏事变成好事"，也是宋人诗句"山重水复疑无路，柳暗花明又一村"的哲学思想基础。目前，夜晚的严寒把松毛虫组成的环状群体冻裂成两段，说不定它们将因此而出现获救的机会。对于两个复苏之后重新开始行进的松毛虫群体来说，它们都会出现各自的新的首领。这个首领就会有自己的行动自由，不必总是跟着前面松毛虫的屁股行进，这样就有可能使整个队列偏离原来的道路。让我们继续关注事态的发展吧！现在松毛虫们终于再度从麻木状态中恢复过来了。它们动动脑袋、掀掀屁股，推推搡搡地开始行动起来，渐渐排成了两个队列，有两个行进的首领在引导。两个首领各自都煞有介事地东摇西摆、颠头簸脑地探索着前方。从它们那惴惴不安、又黑又亮的脑袋看去，人们不禁猜测也许它们即将要走出那个神秘的魔圈了，至少最初的一段时间似乎的确是这样的。然而不久之后，人们终于不幸地看到链条的两截又连接了起来。队伍扩大，圆圈恢复，曾经一度担任带队的首领们又成了普通的一员。松毛虫们再度成天地转着圈、坚持列队行进。夜晚到来时星斗满天，万籁无声，天气依然十分寒冷。

第三天清晨，花盆沿上风餐露宿的松毛虫们成堆地聚集着。当它们从冻僵状态中醒来后，有一条松毛虫偶然未跟上趟而临时越出了固有的路线。它在新的地方冒险，踯躅不前、游移不决地走过花盆盆沿的边缘，下到盆内的泥土上。它的后面有6条松毛虫跟了过来，但此外就不再有别的追随者——也许只是因为这支队伍的其他成员还没有从夜间的麻木和迟钝中完全恢复过来，所以懒得采取行动。由于发生了这个小小的变故，使行进的行列变成了一个有一段缺口的圆环。但领路的向导却没有任何试图革新一把的尝试。原本可能已经出现了一个走出魔圈的机会，但可怜的首领却并不知道加以利用。有点儿像俗话所说的，革命的时机尚未成熟，因为这支队伍尚未培养出自己的"革命领袖"。至于那支进入花盆腹地的小小的分队，虽说已经是独辟蹊径，但其命运却也无甚起色，未得到实质的改善。它们爬上棕榈树顶，饥肠辘辘地寻找着向往中的松枝。它们找不到合口味的食物。好在尚可循着来时的丝路返回，于是又攀爬上花盆的凸边，找到旧时的大部队，插入行列，不再忐忑不安。结果圆圈照常转动，圆环再度恢复完整。

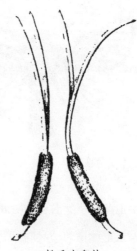

松毛虫卵块

苦难中的松毛虫在等待着解脱的大救星。要使队伍摆脱困境，必须与现行做法背道而驰。要想成功地越出魔圈，需要出现个性鲜明的首领，并依靠它带领队伍向左或向右偏离。但圆环不断就不会产生这个首领。此时如果发生混乱和停顿，圆环就会断裂，首领也就会自然地出现在行列的前面。造成混乱和停顿的主要原因可以是过度的疲劳或过度的寒冷。盆沿上的松毛虫队伍每天遭受这两重苦难的煎熬，虽然在客观上随时都有着解脱的机会，但是需要等待时机的成熟。

第四天的夜晚仍是非常寒冷。由于下到盆里土地上去的丝路仍存在着，所以不断地有不安分的分子继续下去探险，包括攀爬棕榈树，当然也都只能无功而返。第五天是个美丽温暖的日子，晴暖也像寒冷一样来得十分突然。大树上的松毛虫纷纷下来到地面上旅行，在坡道的沙土地上像波浪似的上下起伏。花盆沿上松毛虫的圆环不时地分裂成几段，一会儿又连接起来。第一次出现了一些大胆的松毛虫首领，暖空气使它们兴奋地带领着一支短小的队伍，勇敢地在盆壁上探索，在离地面两拃远的地方长时间地迟疑不决。附近地面上有实验试者放置的一束松针，试图引诱这些饥肠辘辘的可怜虫，但是这一企图失败了。也许嗅觉和视觉根本没有告诉这些松毛虫们任何信息。失之交臂，功败垂成，它们又一次爬上了盆沿。但是这并不要紧，试探不会没有用，失败乃成功之母嘛！况且已经有一些丝线敷在了下来的路上，必将为新的一场探索行动奠定基础，解脱行动有了第一块里程碑。在其后的三天里，花盆沿上的松毛虫们时而各自分离、时而结成

松毛虫的蛾

群，有时还是长长的一串，循着里程碑指示的小径由花盆壁上下来了。到整个试验的第八天夕阳西下之际，除了几天中因扛不住冻、饿而死亡的弱者之外，最后一条松毛虫也终于回到了窝里。

这算是有关松毛虫研究故事中的一段有趣的插曲。稍加计算得知这批松毛虫生存于花盆沿上的时间共为7×24小时；因寒冷、疲劳等而停顿的休息时间如果从宽计量为一半时间，则还有84小时是在行走的时间。毛虫的前进速度以平均每分钟9厘米计算，那么总行程就是453米。花盆的圆周为1.35米，那么毛虫们在这次没有结果的圆周运动中，始终朝向一个方向就走了335次。这一切留给松毛虫什么有益的启示了吗？说不上！经验和思考与它们无缘。它们缺乏一种能指引它们辨识或及时地舍弃那条环形丝带的理性之光，所以只能依靠偶然的环境条件的帮助，才能找到它们真正的回家之路。

# 田园牧歌和劲唱高歌的风采
## ——探访地球上最古老的歌手

　　天籁一词在现代汉语词典中是指自然界的声音，如风声、鸟声、流水声等。而在人们的实际生活中，天籁往往也包括了昆虫鸣叫所发之声。例如田野的隐士——蟋蟀悠远悦耳的悲秋之吟；貌似高风亮节的蝉儿在浓荫中热情地歌唱着夏天。

　　地球生命进化的过程中，早在古生代的石炭纪，甚或更早的泥盆纪地质年代，某些昆虫就已经会发出唧唧之声。声音是从一种器官发出来的，这一事实表明，虽然斗转星移、时光流逝，可是这种发声器官却丝毫没有一点根本性的改变。后来虽然动物出现了肺，可除了呼吸的呼噜声外，仍然不会发音。突然有一天两栖类中的蛙开始鸣叫了。接下来没有明显地经过事先的准备，某个午后，鹌鹑的呱呱叫和乌鸦的哇哇声，以及莺的鸣啭也忽然加入了蛙类的"音乐会"。然后值得大书一笔的是哺乳动物的喉咙出现了。这些晚出现的动物用喉咙干些什么呢？毛驴和野狼给出了它们的回答。这在发声的进化中比止步不前还要糟糕，直至以后发生了最大的飞跃——人类喉咙的诞生。人是真正唯一能够歌唱的动物，声音千变万化，还可吟唱最复杂的旋律。这样看来，动物发声的进化过程根本不能断定存在着中等取代低劣、优秀取代中等的连续进步的过程。我们看到的只是突然的飞跃、停滞和间歇、倒退，再加上前无预兆、后无继续的、骤然的发展提高。

　　我们并不准备在此探讨动物发声起源的理论问题，也无力弄清楚这一复杂的领域，那就直接进入现象和事实好了。一些古老的物种在地球最初的沼泽烂泥开始变得干硬起来时，就敢于唱歌了。我们就来询问它们的某些代表，它们的乐器究竟具有怎样的结构、它们的歌唱又有着什么样的目的？

想要找到昆虫"音乐家"吗？那你必须上溯到远古的年代——在现代高级昆虫之前就已经出现的某些低级昆虫，它们是地质年代所造就的粗陋的雏形。事实上，会唱歌的昆虫只存在于直翅目（如螽斯和蟋蟀）和同翅目（如蝉）昆虫中。这些种类的昆虫因为变态不彻底，与原始种族有着千丝万缕的亲属关系，而这些原始的种族只有在石炭纪或更早的页岩上才记载有它们的来历。人们认为是上述这些昆虫首先在无生命事物所形成的、含混不清的喧嚣中，掺杂进了真正属于生命的轻微声响——它们在爬行动物会喘气之前就会唱歌了。

## 白面螽斯

白面螽斯作为最古老的歌手和仪表堂堂的昆虫，在蚱蜢类中无疑是首屈一指的。它体色灰绿，大颚强健有力，面孔宽阔，呈黄白象牙之色。大颚的强健有力决定了它们喜欢咬嚼植物的籽粒，特别是黍子的穗粒。最出人意料的是科学家发现它还特别喜欢吃各种粗壮的蝗虫及个头适中的蚱蜢。在人工网罩里一旦放进了这些野味，白面螽斯会立即骚动起来。它们踩着脚笨拙地扑上去，总是用自己的铁爪先抓住猎物的前腿，同时用坚实的大颚咬开蝗虫的颈项，从此处拔出它们的颈部淋巴结——蝗虫的神经中枢。此刻这个庞然大物立即变得肢体瘫痪、气息奄奄，彻底丧失了自卫能力，白面螽斯就可以任意地大嚼着享用美味了。白面螽斯用大颚咬开蝗虫颈项的这一记打击是非常重要的，因为蝗虫体壮力盛、生命力顽强，即使头被咬坏，它仍能蹦跳逃走。有人曾亲眼看见一只蝗虫肚腹被咬掉半边之后，仍然绝望地奋力一纵而挣扎着逃离了现场。白面螽斯似乎懂得它的这一手，所以对鲜活的个体总是先攻击其神经中枢。

盛夏时节的午后或黄昏时分，白面螽斯在禾本草丛中高视阔步，吃得饱饱的它以目空一切的气度发出几声的鸣叫。如果心情欢畅，随着情绪的逐渐活跃，便会加快节奏，鸣唱出歌曲中最悦耳的篇章。这种有点儿像纺车快速运转的声音，不断地述说着它和同类们辉煌的歌唱历史。白面螽斯是在庆祝它的婚礼或者召唤它的情人吗？这似乎难以确定。从实验中看，即使它是在召唤身边的女友，其成效也是微而又微。因为附近那一群"女听众"中，并没有一只雌螽斯动弹一下，甚至也看不出任何一点注意倾听的迹象。即使有时这种独唱演变成两、三个人的合唱，众位"男士"的邀请也从来没有一次成功的。也许螽斯那种无动于衷的面孔，的确本就不能看出什么亲热的表情。即使它真的被求偶者的歌声打动过，外表却全然没能显示出来。尽管如此，那清脆的鸣唱——像纺车运转那样连续不断的响声，却继续在激情昂扬地上升。看来的确不妨得出这样的结论，歌手的鸣奏主要只是抒发自身生活的乐趣而已。

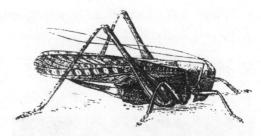
白面螽斯

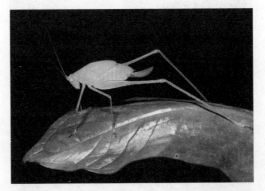
美丽的绿色螽斯

前腿上具有"听器"的优雅螽斯

就观察人员所看到的白面螽斯的婚礼场面来说，那情景一点儿都谈不上浪漫二字。七月下旬，一对螽斯没有经过任何带有激情色彩的前奏，偶然面对面地聚在了一起。它们几乎脸靠着脸，彼此身子一动不动，用细如发丝般的长触须互相抚摩，轻轻掸拍着对方。雄螽斯似乎显得相当拘束，腼腆地擦擦面孔，又不时搔搔自己的脚板，还间或发出一、两声鸣叫。依人们的设想，此刻似乎本应当是发挥它歌唱天才的最佳时刻，可是它却好像并不打算以温柔歌声来表达它满腔的爱情。它在新娘面前总是沉默不语，只是时常抓抓自己的脚，用触须轻轻地拍打拍打新娘肥胖的腹部。而它的配偶大多数时间也只是毫无表情地等待着。

经过耐心地、长时间的观察和等待，最后事情终于显露了端倪。强壮有力的雌螽斯抬起后腹部的"尖刀"——产卵管，高高地翘起后腿把它的新郎打翻在沙地上，压

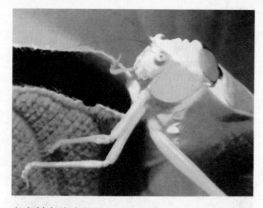

秘鲁树螽的头部

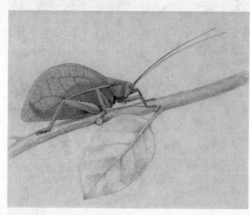

斯里兰卡树螽

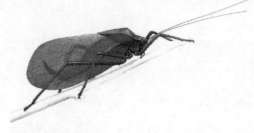

螽斯种树螽的树叶拟态

在身下并紧紧地勒住了它。这的确是一幅出乎人们意料的景象。可怜的雄螽斯采取了这种仰翻在地、6条腿朝天乱踢乱蹬的姿势，显然不像是个胜利者。不，肯定不是的！你看"新娘子"粗暴地扳开"丈夫"的鞘翅，开始啄咬它肚子上的肉。女伴如此出格的"爱抚"简直就是一顿杀威棒，粗暴得能令对方皮开肉绽哩！两性在爱情游戏中的角色和地位似乎颠倒过来了。谁是主动的挑逗者，谁在盛气地占有对方，又是谁温顺地接受了爱抚？这一切几乎都颠倒了。

但是，请耐心地等待事情的结局吧！当雌螽斯将自己高高地支在长腿上面时，它的"尖刀"几乎垂直地指向仰躺在身下的雄螽斯，后者的腹部也正努力地向上翘起来呈弯钩状，双方的尾部彼此寻找，然后接在一起。不久之后，雄螽斯经过一番艰苦的努

力，终于从抽搐的肚子里涌出了一个大大的、前所未见的东西，仿佛把它的全部内脏都排出来了。这是一个大体呈乳白色的囊胞。当那位战败者终于从夫人的肚子下面挣扎着逃走之后，这个奇怪的玩意儿就像一个褡裢那样挂在了未来的产妇那把"尖刀"的下面，雌螽斯神态庄严地带着这异乎寻常的东西走开了。

生命科学家称这个东西为精子托，它蕴含着赋予卵子以生命遗传物质的生命之源。也就是说从现在起，这个神奇的精子托将要用自己的方式和办法，把生命演化所需的补充物质和信息全部输送到胚胎发育所在的地点去。有理由相信，这种神奇荒诞的行为和仪式，应该是原始时代古老生命的交配形式的残余，在当今的世界上已经颇为罕见。据认为现在只有章鱼和蜈蚣仍在使用类似的奇怪工具，已知章鱼和蜈蚣都属于远古地质时代遗留下来的物种。白面螽斯作为早期世界的另一个代表性物种，今天所表现出来的、显得有点儿格格不入的这种诡奇的行径，很可能在太古时期是很普遍的哩！

让我们继续跟踪观察雌螽斯。请看那位刚刚离开现场的未来的妈妈，此刻正带着它幽会中得来的那个装满乳状黏液的、半透明袋子，漫步走在草丛小径上。它不时地踮起脚跟弯下身子、用大颚衔住挂在腹后的乳白色袋子，轻轻撕咬着、揉压着；但并不弄破外套，决不洒掉内容物。每次从那个由许多小囊组成的褡裢袋上撕下一小块，在嘴里反复咀嚼之后将其吞咽下去。几十分钟的时间里始终重复着这一动作，直到最后那个硕大的皮囊构架也被嚼巴嚼巴、狼吞虎咽地塞进了肚腹。这个授精袋一定是个强有力的刺激物，是个富含营养和激素的、绝顶美味的食品。吃完这顿奇怪的盛宴，当那个累赘的重物再没有什么东西剩下来时，雌螽斯就恢复了平常的生活，专心咬嚼它的黍穗籽粒，静静地等待着产卵了。至于雄性螽斯，从那次胯下逃生后，惊魂甫定，稍稍掸了下身上的尘土，便躲了起来。它一度显得干瘪萎靡，仿佛由于干过一番伟业而累垮了，全身蜷曲，神情呆滞，似乎已濒临死亡。但它并未立即死去，一小时后它吃了一些东西又试着鸣唱起来。第二天之后，由于吃了蝗虫，身体又恢复了些力气。然后雄螽斯几乎同以往一样地高声鸣叫起来，简直像初出茅庐那样兴高

采烈。那么它是否还期盼另一次的艳遇呢？实际上当然已不可能，这样的事情消耗体力过大，它绝不该再干了。更密切的观察发现，它并不想再娶一次新娘——一只年轻的雌螽斯走过来用触须抚摩和挑逗它，它丝毫不予理睬。

这只雌性树螽尾部挂上了交配时雄性虫给予的"精子托"

事实上它的歌声正逐渐地微弱下去，歌唱的时间也日益减少。要知道它终究曾经从自己的身子里献出过那个形状古怪的大袋子，里面装着的可是它全部生命的积累啊！两个星期后，雄螽斯终于停止了热爱生命的吟唱。身子被掏空了的昆虫几乎不再进食，只是躲藏在一个安静的旮旯里苟延残喘，然后筋疲力尽地倒了下去，伸伸腿、抽搐一下死去了。那位"寡妇"偶尔从附近经过，看到了死去的"丈夫"，于是客气地上前啃掉了死者的半边肚子外加一条大腿，以纪念它的"亡夫"和寄托自己的哀思。

螽斯作为自然史上最早能发声的昆虫，它的鸣声居天籁之列。我们除了研究它们的食性和生殖习性以外，显然还必须对其发声器官的结构和机理进行一番了解，而不能仅仅满足于"鞘翅的摩擦"或"翅膀相互摩擦发声"之类失之于笼统的含糊说法。现在来看看螽斯鞘翅上的发声场，它们位于鞘翅的根部，分成左右两部分。右鞘翅根部左侧有一个光闪闪的椭圆形薄膜，人们称之为"镜膜"。镜膜的边缘有一侧的延长部分形成一条比其余翅脉更为粗壮的皱褶，称为"摩擦脉"。当此摩擦脉受到拨动时，其振动将引起镜膜发生共振而鸣响。发声结构的另一部分位于左鞘翅上，其根部右侧略向外展出而成平平的边缘，平时遮盖在右鞘翅上面。如果用放大镜观察它下表面长着的那条横梗似的鼓出的肌肉，就会看出它是一支高精度的"乐器"，是一条密布着均匀齿条的"弓弦"。这个表面稍有弧度、略呈纺锤形的"琴弓"现出深棕色泽，中段横刻有80个三角形"琴齿"，坚硬耐磨。这就可以明白，螽斯左鞘翅的"琴弓"是发声器，右鞘翅的摩擦脉是振动点，镜状薄膜是共鸣器，它通过受震动的边框产生共鸣而发出昆虫的奏鸣声。据此我们可以在死去的螽斯身上复制出昆虫的叫声。方法是模仿螽斯生时的动作：略微掀起两个鞘翅重叠的边缘，把"琴弓"放在适当的位置，使齿条咬合在那根末端翅脉——摩擦脉上，整个齿条就不会偏离振动点。此时尽量轻巧而灵活地弹动齿条，立即就会听到螽斯鸣唱的那几个音符，仿佛昆虫又复活了。

## 蟋蟀

我国民间历来有玩赏蟋蟀的习俗，人们饲养蟋蟀，欣赏它们的鸣叫，还调教它们进行打斗。斗蟋蟀之举在江南民间称为"秋兴局"①，也算是暑期农闲之际的一件赏心乐事。甚至在改革开放20多年之后的首都北京，也曾举办过全国最大规模的蟋蟀大赛②。我们知道，雄性蟋蟀的大颚强壮发达，浑身肌肉遒劲，在人工环境和挑逗下可以坚持较长时间的打擂角斗。打斗姿势繁多，角力花样频出，常常令观众看得如痴如醉，喝彩声连连，略如球迷们欣赏国际足球比赛。角斗获胜的蟋蟀就以振翅大鸣为标志。它们亢奋激昂的鸣叫响起在秋风飒爽的原野时，犹如在古战场的号角声中，骑士们的金戈铁衣在搏击中相撞；而当月白风清之夜，听到它们温婉的低吟，则让人感受到情侣们在愉悦相会时发出低声呻吟的绵绵情意。就是说蟋蟀既为战斗的胜利而唱，也为卿卿我我而吟；既歌唱生活，也吟诵爱情，真的充满了田园牧歌的情调。难怪有些倾心于昆虫的诗人会写出这样的诗③：

---

注①：参见许程（1936.07~2012.11）著《秋兴局轶事》，载《篁村旧事》。香港银河出版社，2004年3月。

注②：2005年10月2日《北京首届全国蟋蟀大赛》在昌平区举行。来自国内18支代表队、110对蟋蟀参加了格斗厮杀。比赛由首都鸣虫委员会举办，是迄今国内举行的规模最大、格斗水平最高的蟋蟀大赛。CCTV新闻联播节目进行了报道。

注③：出处未经考证。据信系法国昆虫学家J.H.法布尔所写，是一位科学家兼艺术家的作品。

　　　　　　我的蟋蟀

　　　　你使我感到生命的奔腾

　　　　你是我们大地的灵魂

　　　为此，我抛弃了天上的星辰

　　　　集中注意于你的低吟


　　但是科学本身却不能迁就这样一种完全倾情于诗情画意的一派模糊表象。科学自从诞生以来就喜欢追问"为什么"，要问"然"和"所以然"。在此要问的就是蟋蟀究竟是怎样鸣叫的。这是一个博物学诞生之前的古老问题了，那就让我们打破砂锅问一问吧！首先有必要让解剖学插手进来对蟋蟀"动粗"。喂，把你发声的玩意儿给我们看看！

　　熟悉蟋蟀的人都知道，能鸣叫的蟋蟀是雄虫。它鸣叫时背上左右两扇亮闪闪的翅翼会立起来，激动地左右摇摆，给人直观的印象是它的鸣叫发声与这一动作直接有关，事实也的确如此。科学家研究的结果表明蟋蟀的发声无论是结构和原理都显得简单而实用，世间万物中一切真正有价值的东西无不遵循这一规律。作为一种直翅目昆虫，蟋蟀的发生器官与它的近亲们——诸如绿色蝈蝈即螽斯等基本相同，它们均由其翅上形成的齿条和振动膜所组成。蟋蟀背上覆盖的左右两扇翅翼结构完全相同。先看右翅翼，它透明并带有淡淡的棕红色，几乎平铺在背上；到了右面体侧部位突然折成直角形斜落下去，翅缘贴近并裹着身体。翅上有一些斜行的细脉，背板部位则有深色翅脉。翅翼上有两小块比其余部位显得更为薄而透明之处，带点儿浅浅的黑色光影，这是蟋蟀的发声部位，相当于蚱蜢类昆虫的镜膜。两块镜膜排列成一前一后，前面那块稍大些，略呈三角形；后面一块稍小，椭圆形，由两条弯曲而平行的翅脉将两块镜膜分隔开。该两条平行翅脉间呈凹陷状，就在这凹下的空隙中有五六条黑色皱纹，与平行翅脉呈横向相交，组成了小梯子似的梯级。构成梯级状凹陷的两条平行翅脉中，有一条在其向下的一面被切刻成均匀分布的锯齿状，约有150个锯齿，每个均略呈三棱柱状——这就是蟋蟀的"琴弓"，它的确比螽斯的"琴弓"更为精致，并且相互对称。正常情况下右翅翼覆盖在左翅上方，150枚三棱柱便与左翅的梯级结构相啮合。当蟋蟀的翅翼竖立起来激动地左右振摆时，锯齿便往返拉动，使4面"扬琴"同时振动发出声音。下面的两面靠直接摩擦发声，上面的两面由于摩擦工具的振动而发声。4片镜膜相互配合发出的共鸣，使声音比蝈蝈儿的更加悠扬动听。这种鸣声可以传递到百米以外的远处，它的响亮程度可以与蝉媲美，却不像蝉声那样聒噪和嘶哑。还有更妙之处，它还会抑扬顿挫。前面说到它的翅翼各自在体侧伸展形成一个宽边裹着身体，这便是制振器，将宽边放低便限制了声音的强度。利用这个制振器与腹部柔软部分接触的面积，便可自主调控声音，使蟋蟀可以时而柔声地轻吟、时而雄壮激昂地高唱。

　　说到这里，顺便介绍一下历史上有位研究昆虫的科学家，在研究蟋蟀的发

雄性蟋蟀演唱婉转动听的"情歌"向雌性蟋蟀示爱

声器官时曾做过的一次"粗暴干涉"。他发现蟋蟀的两个翅翼上的发声器官完全相同的现象，认为这很值得注意。而且，所见到的蟋蟀全都是右翅翼盖在左翅翼的上方，无一例外。

这位学者决定试试看，用人为的办法来实现自然条件下从未出现过的情形。他用镊子耐心而巧妙地把左侧翅翼从下面搬了出来，并轻轻地放到了右侧翅翼的上方。从技术上看干预非常成功，翅翼没有扭伤，肩膀没有脱臼，整个翅翼也都舒展平坦。一句话，正常情况下的翅膀也不会摆得比这更好了。

在乐器的组件被颠倒的情况下，蟋蟀也会奏乐吗？实验者当然很希望能如此。但不久他就发现自己错了。蟋蟀虽然开始时有一会儿是平静的，但未隔多久它就开始努力，使劲把乐器的组件扳回到了它通常的位置，可能是人为的叠放顺序使它们感到别扭和不舒服。人们又试验了几次，但仍然是白费工夫，翅翼总是很快又恢复到了正常的位置。它的顽强战胜了实验者的执拗，这条路看来行不通。

事实既然如此，还有否别的途径呢？如果在翅翼刚刚长出来时就进行试验，会不会好一些呢？如今翅翼已经僵硬，皱褶已经成型，再勉强弯将过来必然会有困难。所以，其实应该尽量在早期就来这样摆弄。如果在当初新器官尚有可塑性的时候就将其颠倒过来，结果会是怎样的呢？于是科学家又开始了一轮新的实验。

实验人员找来了新的蟋蟀幼体，留意它蜕皮变态的时刻，因为蜕皮就像是它的再生。此刻它那未来的翅翼就好像是小小皱皱的薄片，又短又小地相互叉开的样子，有点儿像东北延边地区朝鲜族老一辈农民穿的短马甲似的。机不可失，时不我待，如果不想失去良机就必须加紧研究。终于在五月初的一天上午，人们看见一只蟋蟀幼虫开始抛下了它的破旧"衣衫"，这时约为11点钟前后。这只蜕皮的蟋蟀呈栗红色，翅翼却几乎是白色，刚从外套里出来时显得既小又皱，似乎残破不堪。眼看它的翅翼一点点地胀大、张开、伸展，两扇翅翼各自靠里的一侧在同一平面上往前方伸长——此刻丝毫看不出哪一扇将要盖在另一扇的上面。后来终于看到两个翅翼的边缘开始碰在一起，一会儿右边的翅翼就要盖向上面了，此时应该是进行干预的时刻了！实验者用一根草秸轻轻拨动翅翼以干涉其重叠的顺序，使左翅翼搁在了右翅的上面。昆虫挣扎了一下想反抗人为的安排。实验者尽量小心地把左翅翼稳定在右翅翼之上，唯恐碰坏了那些娇嫩的器官，因为它们简直就像是些又薄又湿的纸张。这一次实验完全成功了，左侧的翅翼盖在了右翅的上方，虽然只盖住那么一丁点儿，几乎不足1毫米，但终于有了一小部分明确地搭盖在了上面。往后怎么办？听其自然吧！随它昆虫的意便了，事情将会自动发展下去的。

　　翅翼的确按实验者希望的那样发育着，左侧的翅翼一直往前长，终于把右翅覆盖了起来。到下午3点钟，翅翼依然是白色的，又过了2个小时才呈现出正常的淡棕红色。现在好了，翅翼在强扭的状态下发育成熟了。它们现在是按照人类的意图而非按照原先固有的、天生的秩序来展开、成型、长大和硬实起来的。在这种情况下，蟋蟀便是个"左撇子乐手"。那么它会不会是蟋蟀世界中第一个永远的"左撇子"呢？目前看来似乎是这样的。到了第二天、第三天，人们的希望就实现了，因为动过手术的翅翼一仍其旧地维持着老样子，没有任何变化。第三天下午，人们在期待中听到几声短促的吱咯声，就像是机器的齿轮没有啮合好的响声。它正在调适它的齿条、它的琴弓哩！调节完毕后就将开

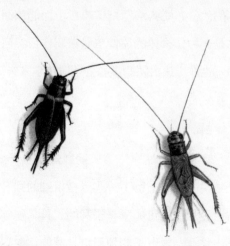

角斗获胜的蟋蟀亢奋激昂地振翅大鸣　　　　　黑蟋蟀　　　　　　　　家蟋蟀

著名中国斗蟋"天青眉子"六足似雪，牙白如玉　　著名中国斗蟋"淡黄萤麻头"勇猛善斗　　雌性蟋蟀，尾部有产卵管

始演奏，人们预期它会奏出惯常的音调和节奏。那就请拭目以待吧！

　　但是，虽然敢想敢干却又缺乏某种智慧的实验者啊！你们也许太过于偏信你那根草秸的魔力了。你以为已经创造出了一个新型的"乐器"，而事实上却是一无所获。蟋蟀挫败了你的计谋：它还是拉它的右"琴弓"，始终坚持拉右"琴弓"，尽管为此付出了痛苦的代价。那逆序错位而却又已经生长硬实的翅翼，尽管似已固定成型，可乐手硬是要使之恢复原位，结果是付出了肩膀脱臼的代价，蟋蟀终于把该放在上面的放回到了上面、该是下面的放回了原位。这是一种什么样的遗传信息在起作用？自然界为什么对这种昆虫进行这样的选择？也许应该由胚胎学和分子遗传学来告诉我们了。

### 蝉

　　春末夏初时分，第一批蝉的幼虫开始从地下爬出地面，蜕变成蝉，在坚硬结实的土地上留下一些手指粗细的圆孔。这些圆孔通常位于最热、最干的地方，显示幼虫可能身具锐利的工具，能够穿透泥沙和干土，喜欢从最硬的地方钻出地面。蝉留下的地洞口是圆的，深达40厘米，整体呈圆柱形。四周没有清理出来的杂物和土屑。据人们的经验，凡是掘地而居的昆虫，也包括绝大多数高级生命，都会在洞口留下它们挖出的泥土，或是堆积，或是撒播，蝉却是个例外。根据其地洞的直径和深度（约2.5厘米×40厘米），挖出的土方能装满一个容积为200毫升的容器，那这些土到哪里去了呢？还有，昆虫在干燥易碎的土中挖洞，那么洞壁和洞底都应不可避免地留有粉尘和碎土，而且容易塌方。但人们惊奇地发现蝉从其中出来的地洞的洞壁上曾经涂抹过一层泥浆——一些纷纷欲坠的沙土、混合着黏合剂被黏结在了原处。设想蝉的幼虫为了爬到附近的小树上去进行蜕变而冒出地面之际，如果忽然发现周边出现了某种危险，它需要立刻警觉地退缩回去，需要毫无困难地回到洞底躲藏起来，这就要求洞中绝不应该存在任何障碍。这一事实也证明了蝉的这个上行通道，虽然只是一个即将被永远废弃的、临时栖身之所，但绝不是幼虫为了急于想见到阳光而仓促建造的即兴作品。它是一个真正的地下城堡，一个幼虫要较长期地居留的隐蔽所，粉刷过的墙壁也从另一个侧面佐证了这一事实。实际上就其作用而言，它应该是一个气象观察站，蝉需要在那里了解外面的天气。道理是明显的，蝉的幼虫成熟后要出洞之际，在深深的地底下难以判断外面的天气好坏。因为地层深处气温变化过于缓慢，不能提供地面实时气候的准确信息，但是这些恰巧正是它决定适时地来到阳光下进行变态——它生命中最重要的时刻——所必须知道的。因为，刮风下雨对于将要进行蜕皮的孱弱

熊蝉

油蝉

幼虫来说，将是生死攸关的严重事件。所以它才耐心地、花费极大的心思和精力，修筑了这个最后的精舍——一个小小的避难所或等候室。这里距离地面只隔一层不到4厘米的天花板。幼虫长期驻守以待，直至天气条件有利时它就用爪子推开薄薄的土层，从地洞里钻出来。

## 建造避难所

蝉的幼虫建造最后居住的避难所时，其工程土方为何竟然消化于无形之中，这使科学家的解释颇为费劲。人们已经知道，某些蛀蚀木头的昆虫如天牛类的幼虫，它们在树干里前进时，是由幼虫运用有力的大颚咬下面前的木质吃进肚里，从而形成面前的空洞；这些木质穿过昆虫的消化道，吸收了微薄的营养物之后再排至身后，彻底堵塞了后面的空间。这种经过粉碎、消化分解的物质，压缩之后变得比原先的木质更为致密，这就使树干中腾出了一个额外的空间，作为容纳幼虫的工作空穴，一个勉强够在里面行动的小室。那么，蝉的幼虫难道也要用类似的方式钻造地洞吗？已知蝉的幼虫要在地下生活几年至几十年，但当然不是在刚才说到的最后掩蔽所里。它们实际上是从别处来的，也许还是从老远的地方而来。它们从小就是流浪儿，为了生活的需要而在地层下来回地迁徙。它们从一个地方到另一个地方，把它们的吸管从一个树根插到另一个树根，吸取活命之泉。有时是为了从寒冷的上层土壤里逃到下层更温暖的地方；有时是为了定居在更适合需要的树种的根旁，以吸食自己喜爱的树汁。每次当它迁居的时候就给自己开出一条路，这时它用自己的挖土工具把前面挖开的土壤扔到身后去。按照逻辑推理，事情就是这样的，应该无甚疑义。此时如果正好处在湿润柔软、容易压缩的泥土中，那么对它而言这些也就相当于其他幼虫们（例如天牛、吉丁的幼虫）已经消化过的木头糊，这些泥土可以被加压压缩得更为紧密，从而腾出一个空着的孔洞。问题在于蝉的地洞却是在干燥的土壤中挖掘而成的，干燥的土壤是很难压缩的。另外，人们发现蝉的这个地洞其内表面也不呈现干土粒那样的粗糙，而是一种经过涂饰的光滑表面。如果我们更换一下思维方式，能否认为蝉的地洞是先用水搅和干土成泥浆状，然后使光滑有力的身体钻过泥浆，压力使泥浆紧贴在里面一层的干土上，从而腾出了中间的空洞，蝉的幼虫通过后，此处形成了永久的孔道，表面形成了光滑的泥浆涂层。

这样的解释有根据吗？应该说虽然未能直接追踪到蝉的幼虫正在通过泥浆的情景，但蛛丝马迹的证据却是有的。研究者观察到刚爬出洞来的幼虫或多或少都沾满了泥浆，有的干了，有的还湿着。它用来挖掘的前爪上沾满了淤泥，其余爪子就像戴了泥手套，背上也是一层黏土。本来预期它应该是满身粉尘，结果却惊奇地发现它浑身泥浆，活像一个疏通下水道的清洁工，刚才还在淤泥中搅和过一番似的。此外，研究人员在挖掘中得到了正在加工地洞的幼虫，它浑身苍白，眼睛硕大而近乎白色、浑浊不清，似乎看不见东西。这也难怪，在黑暗的地下视力有啥用呢？那些出了地洞的幼虫双眼乌黑闪光，表明它们已能视物。这就说明蝉在准备解脱的期间，其视力有一个发育成熟的过程，从而也从另一方面表明，幼虫在挖掘上升通道时曾经劳动了相当长的一段时间，那地洞绝不是一个一蹴而就的即兴工程。其间最令人惊奇的是这只苍白的盲眼幼虫，其体积较之它成熟之后要大得多，浑身像得了水肿病似的胀满了液体。把它抓在手里时它便扭动着身子，尾部不断地渗出清澈的液体，弄得浑身湿淋淋的。这种液体是由消化道所排出，也许相当于一种经过消化吸收后排出的尿液吧！这使我们联想到蝉的成虫在摆脱不利于它的敌人时奋力起飞之际，往往要滋出一泡尿作为回敬的情况。这也算是一个不足为证的插曲吧！

显然，蝉的幼虫即使浑身积满了水，也不足以打通它所需要穿越的整个隧道。所以它必须有可以随时补充的水源地。关于这一点，研究者也已经有了合理的答案。当你小心地挖开蝉的幼虫所穿行的地洞时，总可以毫无例外地找到1或2根有生命力的、粗细不等的树根，粗的如笔管大小，细的也有麦秸粗细。暴露的部分不一定很长，但至少也有若干毫米，足以供幼虫口器刺入吸吮所需，而整个的树根则生机勃勃地深入穿插在周边的土层里。要问这种提供汁水的源泉究竟是偶然存在的，还是幼虫特地挑选的呢？科学家的意见倾向于后一种答案。他们是这样解释的：蝉的幼虫开始凿洞时，总要靠近活着的树根，并将之刨出、以适宜的位置嵌在洞壁上，这样幼虫才可以放心地开始它的安居工程。因为洞壁上这个有生命的部位就是一个活泉，是它整个工程用水的供应地。幼虫体内的尿袋一旦水分不足，就可由此得到补充。如果正当它把干土变成泥浆之际，体内的水不够了，它就得立即下到洞底，插进吸管从嵌在墙上的蓄水池中饱饱地汲取一通，直到把自己的身体灌满，然后又爬到上面再度开工。它把干土弄湿，用爪子拍打，拌成泥浆，再把泥浆向周遭压紧。幼虫就这样建造了它那可上下自如的通道。事情的发展过程大致就是如此，虽然不可能对完整过程进行直接观察，但凭着科学的逻辑推理和部分环节的佐证性验证，还是可以说明问题的。

研究人员进行过两种有关的实验。前一种是把一只刚刚出洞的蝉的幼虫抓来，放在玻璃试管里，松松地埋上碎土，高度有15厘米左右。这一土层厚度大致相当于它刚刚弃置的那个地洞的1／3。我们来看看它处在这一比较刚才它所通过的土层远为疏松的土中，是否能够顺利地上升到土层外面来！如果凭着体力就可以挖出地道，那么它肯定是能够爬出来的。但是这只幼虫在爬出它原来的地洞时，为了推开那层4厘米厚的屋顶土层已经耗尽了它自身水壶中最后那点儿水，试管中没有活的水源可以补充，所以它只能凭着自身那点体力努力发掘。它撼动土粒，但是没有黏结剂，无法将之黏结在壁上，粉碎的土粒连续流散下来。经过三天的无效劳作，幼虫格外地奋力上爬了仅不足一指长的距离。第四天它死了。假如幼虫体内装满水，结果就会大不相同。人们选取了一只刚开始进行解放工程的幼虫，拿来做同样的实验。这只体态鼓胀、尿液外渗、浑身湿漉漉的幼虫处在试管底部，人造土壤对它而言似乎显得不在话下。这位钻洞能手不慌不忙地从体内放出一点儿水来就能把这些土变成泥浆，再把它们摊开黏合到周围洞壁上。这个地洞打通了，但很粗糙、很不规则。幼虫不断地打洞上爬，身后的地洞几乎随即倒塌并堵塞了。好像幼虫也意识到它不可能得到补充其储存的水源，所以十分节约尿液，只在最需要的时候才稍稍消耗一点儿储量。就这么精打细算地奋斗了将近12天，这只幼虫终于爬上了地面。

## 蜕变

蝉的幼虫爬出地洞，即刻开始为变态做准备而寻找一个悬空的立足点。经过片刻徘徊，它就会爬上一棵小荆棘、一根禾稿秆或者一小棵灌木的枝条，用铁钩一般的前爪，毫不放松地牢牢抓住。此刻它仰着头，静静地悬挂着稍事休息，变态就要来临了。中胸最先开始蜕皮，由背中线处裂开，慢慢拉开到能看见壳里的昆虫那淡绿色的身体。此时裂缝逐渐发展到前胸，并向外张开。接下来裂缝继续向上延伸到头部，同时向下伸展。然后它的头罩从眼前横向地裂开了，露出红色的眼睛。纵横两条裂缝的交会，保证了蝉的头部及身体的上半部可以自由地从蜕皮中首先解放出来。其过程大概是这样的：首先，全身呈现黄绿色的蝉在壳中膨胀自己的身体，它利用体液的涌动在中胸部分开始形成鼓泡，随着体液的涌入及回流使鼓泡缓慢有力的搏动，并逐渐扩大战果，使两条相交的裂缝逐渐张得更开，这样就能让头部和前爪从套子里解脱出来。原先靠前爪固定在树枝上的蝉体，呈头朝上尾朝下的姿态。随着前爪的脱出、并紧紧攫住自家所蜕出的壳体之后，整个蝉壳就变作腹部朝上的水平悬挂状态，此刻后爪便从大开的裂缝处挣脱了出来。至此，变态的第一阶段宣告完成，历时约有十来分钟。此时除尾部仍旧嵌在壳中，蝉的身子已经完全自由了，只是翅翼仍皱皱巴巴地像两团弯弯的弓形，蜷缩在身体的背后。

蝉的幼虫所蜕下的壳皮仍然牢牢地吊挂在树枝上，一动不动地在空气中快速变硬。变态的第二阶段开始了。它的尾部迄今仍旧套在旧壳中，为此蝉儿开始了一系列复杂的动作。先是翻身转动至大头朝下的姿势，接着运用其腰部的力量使身体直立起来，以恢复到头朝上的正常姿态。经过了这一套复杂的运动过程，尾部终于从壳套中解脱了出来。两团蜷缩着的、肥大而沉重的双翅，也在体液的有力涌入之下伸直和张开了。此时的蝉已经完成了第二阶段的变态，

等待着羽化

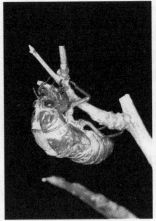
裂开，背部渐渐出现

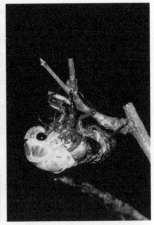
头部和胸部渐渐出现

吊着休息一会儿

开始挺起身体

完全脱离空壳

这个过程经历了大约半个小时。

　　刚完成变态的蝉跟不久前的幼虫模样已有天壤之别，它已出落成了一个令人刮目相看的"俊俏后生"。当然，因为刚刚经历了一场脱胎换骨的巨变，它还没有足够的时间来休息以恢复体力，所以还比较虚弱。它的双翼略显沉重，但像玻璃一样透明，翅上可见浅绿色的脉络。前胸和中胸略显棕色，身体其余部分有的淡绿、有的还微微发白。一对大而明亮的复眼和三只钻石般的单眼都闪闪有光地警戒着左右两侧和头顶上方的空间。这个脆弱的生命需要空气和阳光的洗礼，以缓慢地将息和复壮身体，改变体色。经过两个多小时的将养生

翅和足出现了

展出漂亮的翅膀

蝉的若虫羽化成为成虫的过程

息，蝉终于完成了漫长的变色过程，于是，一只健康美丽、能引吭高歌的蝉儿愉快地飞离它暂栖的蓬草之地，迁居到高大乔木的绿荫中去了。只剩下那见证过它丑小鸭变天鹅般过程的旧衣裳——蜕变全过程中除了增多一条裂缝之外丝毫没有破损的蝉蜕依然牢牢地挂在树枝上，任凭着秋风秋雨的吹打。

## 蝉的歌唱器官

人们大都熟知蝉的高歌劲唱，历代文人雅士、骚人墨客都曾留下了吟诵蝉鸣的诗歌和寓言。但我们此刻最关心的却是蝉的发声器官的结构和原理，因为这是普及科学知识的职责所在。我们以分布最广、体形最大的熊蝉为例，了解一下其发声器官。在雄蝉的胸部下方紧靠后腿的地方，左右覆盖着两片很宽的半圆形盖片，位于右侧的盖片稍微叠压在左侧盖片上，这是发声器的音盖。掀起音盖，看到左右两侧都是一个空腔，可称之为小音腔。如果没有了音盖的存在，可以看出两个小音腔实际只是一个更大的腔室，它就是大音腔，或直称音腔。每个小音腔的前面均挡着一层柔软细腻的黄色乳状膜，其后面则为一层干燥的薄膜，此膜呈现肥皂泡沫般的虹彩，这是镜膜。早先，人们曾认为这音腔、镜膜加上音盖就是蝉的发声器官之全部，但这样并不符合实际的发声原理。因为，如果你打破蝉的镜膜、撕碎其黄色乳状膜，甚至更进一步剪去其音盖，这些均不能使蝉的鸣声消失，只不过使它们的音质（也称音色）——由振动的波形和泛音不同而引起的声音效果，可以简单地以有所变化的高音或低音来表示，声音强弱和响亮的程度也变小而已。因为那两个小音腔并非真正的发声器官，只是一个共鸣装置而已，它们通过前后膜的振动以增加声音的强度，并通过音盖的启闭程度改变声音的传播阻力。

蝉的真正的发声器官位于何处？外行和新手是很难找到的。我们仍以熊蝉为例。在它左右小音腔的外侧、腹部和背部交接处的边缘各有一个半开的小孔，其开口于体侧的孔口受到角质外壳的限制，平时处于关闭状态的音盖又恰好将其遮掩了起来，所以甚难发现。人们给这个小孔取名音窗，它通向名为音室的另一个空腔。音室这个空腔跟就在近旁的小音腔相比，显得更为狭窄而深邃。包围住音室的外壁大致呈椭圆形，漆黑而无光泽，它轻微隆起在周围长着银色绒毛的表皮中，这样的颜色反差使其非常鲜明夺目。如果在音室侧壁切开一个足够大的缺口，就可以看到真正的发声器官——音钹凸显外露了。它是一块干燥的白色薄膜，椭圆形，向外鼓凸，表面分布有数根褐色脉络，显得很有弹性。这块被称为音钹的白色椭圆的鼓形膜，其周边固定在坚硬的框架上。让我们来设想一下它的工作机理吧！先是这块凸起的鳞片状的音钹受力发生形变，往里凹下，随后在那束脉络所加强的弹性作用之下鼓膜迅速回复到原始的

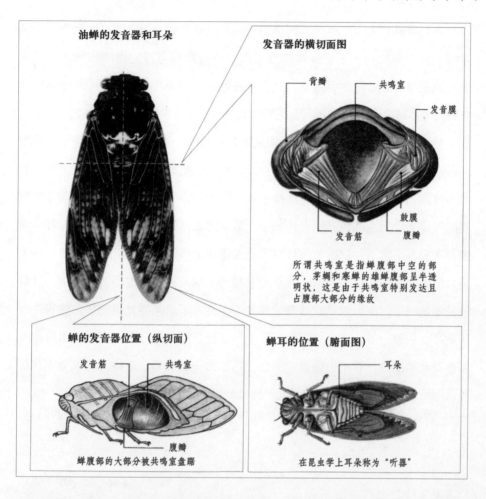

油蝉的发音器和耳朵

发音器的横切面图

背瓣 — 共鸣室

发音膜

鼓膜

发音筋 — 腹瓣

所谓共鸣室是指蝉腹部中空的部分，茅蜩和寒蝉的雄蝉腹部呈半透明状，这是由于共鸣室特别发达且占腹部大部分的缘故

蝉的发音器位置（纵切面）

发音筋 — 共鸣室

腹瓣

蝉腹部的大部分被共鸣室盘踞

蝉耳的位置（腹面图）

耳朵

在昆虫学上耳朵称为"听器"

凸起状态，经过这样一次往返的振荡，人们就会听到一声清脆的响声。蝉的音钹发生这一变形振荡的结构基础则是这样的：我们回到前面所述蝉的音腔结构，把挡在两个小音腔前面的黄色薄膜撕开，此时就能看到音钹的背后各有一条淡黄色的肌肉柱。（左右）两根肌肉柱呈V字形排列，V字的尖顶固定在腹背中心线上的一点，呈发散式的另一端则各自伸向相应的两侧音钹，再由各自的端点伸出一根短短细细的系带，连接到每个音钹的凹心部位（凸起部分的反面）。这两根肌肉柱随意的一伸一缩、一张一弛，就使两个音钹同时发生被拉下去、又弹回来的往返振动，加上共鸣器的作用，于是蝉就发出响亮的鸣声。您想证实一下这个结构的功能吗？您想让一只刚死去的蝉重新唱歌吗？事情比

较简单。用镊子夹住一根肌肉柱小心地向后拉动，这个死去的"歌唱家"就又复活了——每拉动一下，音钹都会发出一声清脆的声音。当然，声音比"歌手"活着时所发出的要小得多。这也很好理解，因为活着的"歌手"能够利用它的共鸣器将鸣声谐振放大，但是两种歌声的基本因素则是完全相同的。

对于蝉的发声器官还可以从相反的方面进行一次验证，就是破坏它的发声器官，让欢蹦乱跳的蝉立刻变成哑巴。当人们把蝉抓在手里时，它仍然不甘噤声静默，而是喋喋不休地连连挣扎着，其没完没了的劲儿简直就同刚才在高高的树枝上欢乐地高声鸣叫那样如出一辙。怎么办呢？砸破音盖音腔，打碎镜膜，这样都不管用，残酷的破坏并不能遏止它顽强的歌声。但是如果用一根大头针伸进刚才描述过的音窗，就从那个侧孔口插入直到音室尽头的音钹，只需轻轻地刺一下，这个被戳破的音钹就发不出声音了。同样地再把另侧的音钹也照此办法处理一下，这个顽强的"歌手"立刻就噤声失音了。而昆虫本身此时依然是欢蹦乱跳，看不出明显的损伤。巧妙的一记针刺，对蝉儿的性命不存在什么危险，但却产生了即使将蝉儿开膛破肚也产生不了的效果。